轻松掌握航拍

主　编　兰海洋　杨　华

副主编　凌婉月　李囿谷　庞原子

无人机摄影摄像技术

广西科学技术出版社

·南宁·

图书在版编目（CIP）数据

　　无人机摄影摄像技术 / 兰海洋，杨华主编. -- 南宁：
广西科学技术出版社，2024.12. -- ISBN 978-7-5551
-2228-9

　　Ⅰ.TB869

　　中国国家版本馆CIP数据核字第2024P8J768号

WURENJI SHEYING SHEXIANG JISHU

无人机摄影摄像技术

兰海洋　杨　华　主编

责任编辑：李敏智　　　　　　　　　　封面设计：梁　良
责任校对：吴书丽　　　　　　　　　　责任印制：陆　弟

出 版 人：岑　刚　　　　　　　　　　出版发行：广西科学技术出版社
社　　址：广西南宁市青秀区东葛路66号　邮政编码：530023

印　　刷：广西民族印刷包装集团有限公司

开　　本：787 mm×1092 mm　1/16
字　　数：140千字　　　　　　　　　　印　　张：7.75
版　　次：2024年12月第1版　　　　　　印　　次：2024年12月第1次印刷
书　　号：ISBN 978-7-5551-2228-9　　　定　　价：48.00元

前　言

　　无人机航拍已经成为影视传媒行业必备技术。无论是在电视台节目还是企事业单位的形象宣传片中，乃至院线电影与各网络平台的短片里，无人机航拍镜头都频繁亮相。在职业教育中，掌握无人机摄影摄像技术的毕业生，将握有更多的入场券进入传媒行业施展才华。鉴于此，近年开设无人机航拍技术课程的高校数量在逐年增长。在此背景下，一本为职业教育、行业培训量身定制的新形态教材显得尤为重要，它能帮助学生循序渐进掌握无人机摄影摄像的核心和主流技术，为后续就业创业打下坚实基础。本教材的诞生，正是基于对行业人才需求和职业教育现状的深入调研和分析。需要强调的是，无人机种类丰富、制作工艺不同、应用领域广泛，本教材内容谈及的"无人机"，仅特指用于摄影摄像领域的民用航拍无人机。

　　在组织编写过程中，本教材呈现以下几个特点。

【团队专业　内容实用】

　　本教材由国家示范性高等职业院校、国家"双高"职业院校、全日制综合性本科层次职业院校——南宁职业技术大学教师，联合广西广播电视台的资深媒体从业者共同编写，融入南宁职业技术大学与深圳大疆创新无人机研发与培训中心、中大国飞（北京）航空科技有限公司合作组织开展的无人机"1+X"证书培训和考试合作成果，尤其是融入无人机职业技能等级证书培训和考试的主要知识点和考点，内容涵盖无人机航拍相关法律法规、收纳组装、手动／智能模式航拍、摄影摄像基础、综合运镜与拍摄、航拍视频剪辑等知识与技能，以更好服务于"岗课赛证"融通职业教育模式改革。教材编写团队来自高校与行业、理论研究与一线技术能手，能够更好地衔接职业教育与行业发展需求，更好地培养符合岗位所需的无人机航拍技术应用人才，更好地服务于已经广泛应用无人机航拍技术的新闻媒体、影视创作、企业宣传、行业影像信息与采集、农业技术应用等多领域多行业发展。

【立德树人　案例丰富】

　　教材工作必须站在党和国家事业发展全局、聚焦国家发展战略来系统谋划，为开辟发展新领域新赛道、塑造发展新动能新优势提供基础支撑。党的二十大

报告指出，要充分发挥教育、科技、人才的基础性、战略性支撑作用，明确提出"加强教材建设和管理"。本教材在编写过程中认真贯彻党的二十大精神，坚持"立德树人"根本任务，在案例选取、微课教学语言中，选用具备思政元素、思政教育功能的原创素材，注重融入无人机航拍行业新要求、行业应用前沿技术，以及与无人机航拍相关的职业技能等级证书考试标准等，服务无人机技术运用多领域群体。教材内容选取当下行业最常用的航拍技能，最能综合提供航拍技能的技术指标，更好地衔接职业技能学习与行业岗位需求，突出学习的针对性和指导性；教材还力求通过丰富的原创视频和图片案例，精准对标知识点和核心技能，提高学习趣味性，降低学习难度，并在图片和视频案例中突出立德树人、工匠精神等育人元素。

【形式新颖　突出实践】

本教材编写体例主要顺应新时代职业教育的新趋势新特点，注重落实国家"建设一大批校企'双元'合作开发的国家规划教材，倡导使用新型活页式、工作手册式教材并配套开发信息化资源"的精神，采用新形态教材形式，着眼于学习者真正学会实操、随时胜任岗位的需求，以"工作任务"为纲，按照"导学案例""知识解读""理论巩固""任务实操"的思路，将无人机摄影摄像技术"嵌入"案例作品中，引导学生课前主动思考，课中吸收教师对核心知识点和技术点的详细解说和演示，课后通过"理论巩固""任务实操"进行学习效果检验，并进行必要的复盘和二次创作指导，突出培养学生在理解的基础上，切实掌握航拍技术，提高实践动手创作的能力。

在教材编写过程中，杨华负责项目和出版的统筹与对接；兰海洋负责编写任务一、二、三及全书统稿工作；凌婉月负责编写任务四、五；庞原子负责编写任务六；李圃谷负责教材知识点、技术要点审核，并在兰海洋、凌婉月配合下完成配套视频、图片素材的拍摄与制作。特别感谢庞秋惠、黄国标、冷湘源、黄波、王思捷、韦桂梅、李春燕、张静成，以及来自孟加拉国的陈力（Hasan Md Mahmudul）、来自土库曼斯坦的迪诺（Nedirova Gulayym）等同学，在制作教学视频的拍摄、出镜和剪辑等工作中给予了大力协助。

由于无人机制作技能和航拍功能日新月异，本教材中所涉及的知识点、安全法规等随时有可能需要更新，且编写人员在写作中难免有不足之处，敬请读者批评指正，以便本教材得到不断完善，更好地服务无人机摄影摄像技能人才培养。

目　录

任务五　无人机的创意航拍技巧

任务六　无人机航拍视频剪辑基础

任务一
无人机基础知识

```
                                    ┌─ 影响航拍的因素
                                    │
                                    ├─ 认识民用航拍无人机
                                    │
                                    ├─ 无人机的组装与收纳
          无人机基础知识 ───────────┤
                                    ├─ 无人机的基本操控
                                    │
                                    ├─ 无人机的法律监管
                                    │
                                    └─ 无人机航拍注意事项
```

一、导学案例：广西南宁市南湖公园航拍短片

打码观看导学案例，并分析讨论。

【分析讨论】

（1）在案例视频画面中，你觉得哪些因素会影响到航拍？

（2）画面中大面积的湖面，你觉得存在哪些安全风险？

（3）结合生活经验和视频案例，你觉得航拍过程需要考虑哪些安全因素？

广西南宁市南湖公园航拍短片

（一）分析环境因素

如图1.1所示，广西南宁市南湖公园位于城市核心地段，城市主干道横跨南湖之上，周边密布学校、生活小区、购物商场、机关单位、医院等。在这高楼林立的环境中航拍，存在视线受干扰、无人机遇到较多障碍物和遥控器信号传输被遮挡等问题。此外，被摄主体是宽阔的湖面，需要考虑涉水风险。

图 1.1　无人机屏幕显示的周边环境信息

（二）分析人群因素

该拍摄区域周边的医院、学校、商场都是人群密集的地方，大多数时候人流量较大，如果操作不当造成无人机坠落或者进入失控状态，无人机极有可能会砸伤行人。因此，要特别重视他人的人身安全，绝对避免因操作失误或其他意外情况威胁过往行人安全，同时尽量不要在人群密集的区域飞行。

（三）分析法律法规因素

国家针对无人机航拍制定了相应的法律法规和安全监管措施，因此在航拍过程中需要特别注意违规乃至违法问题。航拍中常遇到飞行高度限制区和禁飞区，如飞机场、火车站周边、电力设施、军事驻地和单位、党政重要机关单位，以及包括北京市在内的部分全区域禁飞城市。

二、知识解读

（一）认识民用航拍无人机

我国在民用航拍无人机研发生产领域已经走在世界前列。大疆创新、道通智能两大品牌为业界旗舰，其性能先进、市场占有率高。

1. 大疆创新民用航拍无人机

大疆创新主流的民用航拍无人机有 DJI Mavic 系列、DJI Air 系列、DJI Mini 系列、DJI Inspire 系列等。

DJI Mavic 系列

DJI Mavic 系列属于中高端产品线，主要面向专业消费者，拥有便携、易操作、飞行稳定等优点，适合需要高质量航拍的专业人士使用。DJI Mavic 系列是深圳大疆品牌无人机主打的影像旗舰，其主力机型包括 DJI Mavic 3、DJI Mavic 3 Classic、DJI Mavic 3 Cine（见图 1.2）、DJI Mavic 3 Pro 等。

图 1.2　DJI Mavic 3 Cine 样机

DJI Air 系列

DJI Air 系列机型主打性价比，主要面向入门级无人机航拍消费者，性能略低于 DJI Mavic 系列，但注重性能均衡、拥有价格优势和较轻便的机身，在操作性、稳定性等方面均有稳定表现。DJI Air 系列主力机型包括 DJI Air 2、DJI Air 2S、DJI Air 3（见图 1.3）。

图 1.3　DJI Air 3 样机

DJI Mini 系列

DJI Mini 系列机型主打轻便，机身重量低于许多国家和城市对无人机限飞管控的重量值，执行航拍时可省去申报空域的诸多流程。其性能表现和拍摄质量可以满足非商业级影像工作的需求，而且具备价格优势，是许多入门级无人机航拍消费者、外出旅行家的理想选择。DJI Mini 系列主力机型包括 DJI Mini 3、DJI Mini 3 Pro、DJI Mini 4 Pro（见图 1.4）等。

图 1.4　DJI Mini 4 pro 样机

DJI Inspire 系列

DJI Inspire 系列无人机属于高端产品线，主要面向专业影视制作市场，拥有卓越的飞行性能、高精度定位和专业的影视拍摄设备，能够满足影视制作领域的高要求。DJI Inspire 系列主力机型包括 DJI Inspire 2、DJI Inspire 3（见图 1.5），配备先进的相机和图像稳定系统，实现 8K（分辨率为 7680×4320 像素，约每帧 3300 万像素）图像超高清拍摄。

图 1.5　DJI Inspire 3 样机

大疆无人机的核心技术均属自主独立研发，其自主导航、避障技术、图传稳定性等方面的优势在市场上具有较高的竞争力。此外，大疆无人机的遥控器、App 设计简洁易懂，操作简单方便，也使得其产品在消费者中拥有良好的口碑。大疆创新部分主流机型参数见表 1.1。

表 1.1　大疆创新部分主流机型参数

机型	DJI Mavic Mini SE	DJI Mini 3	DJI Mini 3 Pro	DJI Mini 4 Pro	DJI Air 2S	DJI Mavic Air 2	DJI Mavic Air 3	DJI Mavic 3 Pro
重量（克）	< 249	< 249	< 249	< 249	595	570	720	958
尺寸（毫米³）	140×82×57	148×90×62	145×90×62	148×94×64	180×97×77	180×97×84	207×100.5×91.1	231.1×98×95.4
影像传感器	1/2.3 英寸 CMOS	1/1.3 英寸 CMOS	1/1.3 英寸 CMOS	1/1.3 英寸 CMOS	1 英寸 CMOS	1/2 英寸 CMOS	1/1.3 英寸 CMOS（广角+中长焦）	4/3 CMOS 哈苏相机，1/1.3 英寸 CMOS 中长焦，1/2 英寸 CMOS 长焦
视频分辨率	2.7K/30fps	4K/30fps	4K/60fps	4K/60fps	5.4K/30fps	4K/60fps	4K/60fps	5.1K/50fps
图片像素	1200 万	4800 万	4800 万	4800 万	2000 万	4800 万	4800 万	4800 万
图传距离（公里）	4	10	12	20	12	10	20	15
续航时间（分钟）	30	38	34	34	31	34	46	43
避障功能	下方	下方	前/后/下方	全向避障	前/后/上/下方	前/后/下方	全向避障	全向避障

2.道通智能民用航拍无人机

道通智能主流的民用航拍无人机有 EVO Lite 系列、EVO Nano 系列等。

EVO Lite 系列

EVO Lite 系列采用折叠式机身设计,具有室内外稳定悬停和智能飞行等先进功能,且配备前、后、下三向视觉避障感知系统。该系列无人机有 EVO Lite(见图 1.6)与 EVO Lite+,两款产品均采用三个频段的双收双发图传技术,可实现远至 12 公里的图像传输。

图 1.6　EVO Lite 样机

EVO Nano 系列

EVO Nano 系列同样采用折叠式设计机身,机身仅重 249 克,外观设计与 EVO Lite 系列相似,特点是轻巧便携,具有室内外稳定悬停和智能飞行等先进功能。该系列无人机有 EVO Nano(见图 1.7)与 EVO Nano+,两款产品均采用三个频段的双收双发图传技术,在无干扰和无遮挡环境下,可实现远至 10 公里的图像传输。

图 1.7　EVO Nano 样机

道通智能无人机在软件体验优化、线下门店数量、市场推广普及等方面目前略逊于大疆创新,但是在图传距离、最大飞行高度、价格等方面有优势,如表 1.2 所示。

任务一计划表

任务名称		小组编号	
组长		组员	
城市名称、确认是否禁飞区的渠道和方法			
无人机起飞前安全检查项目			
无人机降落方法			
注意事项			

任务一实操记录表

任务名称		小组编号	
组长		组员	
执行步骤	1. 确认所在城市禁飞规定： 2. 无人机起飞前安全检查： 3. 无人机降落：		
遇到的问题	1. 确认所在城市禁飞规定： 2. 无人机起飞前安全检查： 3. 无人机降落：		
解决对策	1. 确认所在城市禁飞规定： 2. 无人机起飞前安全确认： 3. 无人机降落：		
任务完成情况	1. 确认所在城市禁飞规定： 2. 无人机起飞前安全确认： 3. 无人机降落：		

任务一结果评价表

评价项目	小组自评	教师终评
掌握无人机组装与收纳的方法		
掌握无人机的安全起降		
掌握无人机摇杆的基础操作		
熟悉无人机航拍界面		
熟知无人机相关法律法规		
具有法律意识和安全操作意识		

任务一总结反思记录表

总结项目	小组	个人
任务实施过程中做得好的地方		
任务实施过程中做得不好的地方		
改进措施		

任务二计划表

任务名称		小组编号	
组长		组员	

计划方案	摄影拟用到的构图、光线类型：
	摄像拟用到的构图、光线类型、运镜方式：
注意事项	

任务二实操记录表

任务名称		小组编号	
组长		组员	
执行步骤	摄影： 摄像： 		
遇到的问题			
解决对策			
任务完成情况			

任务二结果评价表

评价项目	小组自评	教师终评
掌握无人机拍摄的曝光控制		
掌握无人机拍摄的景别取舍		
掌握无人机拍摄的构图		
掌握无人机拍摄的运镜		
具有法律意识和安全操作意识		

任务二总结反思记录表

总结项目	小组	个人
任务实施过程中做得好的地方		
任务实施过程中做得不好的地方		
改进措施		

任务三计划表

任务名称		小组编号	
组长		组员	

计划方案	智能兴趣点环绕（拍摄地点、时间、设备、安全确认等）：
	智能跟随（拍摄地点、时间、设备、安全确认等）：
	智能延时摄影（拍摄地点、时间、设备、安全确认等）：
注意事项	

任务三实操记录表

任务名称		小组编号	
组长		组员	
执行步骤			
遇到的问题			
解决对策			
任务完成情况			

任务三结果评价表

评价项目	小组自评	教师终评
了解无人机各类智能模式		
了解无人机各类智能模式的优点与缺点		
掌握无人机各类智能模式拍摄手法		
合理应用无人机各类智能模式		
具有法律意识和安全操作意识		
具有工匠精神		

任务三总结反思记录表

总结项目	小组	个人
任务实施过程中做得好的地方		
任务实施过程中做得不好的地方		
改进措施		

任务四计划表

任务名称		小组编号	
组长		组员	
计划方案			
注意事项			

任务四实操记录表 1

操作人		小组名称	
拍摄内容	拍摄角度	拍摄航线	操作要点

任务四实操记录表 2

飞手姓名		小组名称	
被摄对象		所在位置	
拍摄时长		运镜方式	
航线规划			
执行步骤			
遇到的问题			
解决对策			
任务完成情况			

任务四结果评价表

评价项目	小组自评	教师终评
了解无人机多维度运镜原理		
了解无人机多维度运镜的各类方式		
掌握无人机多维度运镜手法		
合理应用无人机多维度运镜手法		
具有法律意识和安全操作意识		
具有工匠精神		

任务四总结反思记录表

总结项目	小组	个人
任务实施过程中做得好的地方		
任务实施过程中做得不好的地方		
改进措施		

任务五计划表

任务名称		小组编号	
组长		组员	
计划方案			
注意事项			

任务五实操记录表 1

小组名称		
项目	技术要点	注意事项
希区柯克变焦航拍		
"旱地拔葱"航拍		
日转夜延时航拍		

任务五实操记录表 2

飞手姓名		小组名称	
拍摄对象		所在位置	
拍摄时长		拍摄手法	
航线规划			
执行步骤			
遇到的问题			
解决对策			
任务完成情况			

任务五结果评价表

评价项目	小组自评	教师终评
掌握无人机希区柯克变焦航拍		
掌握无人机"旱地拔葱"航拍		
掌握无人机日转夜延时航拍		
合理规划无人机飞行航线		
具有法律意识和安全操作意识		
具有工匠精神		

任务五总结反思记录表

总结项目	小组	个人
任务实施过程中做得好的地方		
任务实施过程中做得不好的地方		
改进措施		

任务六计划表

任务名称		小组编号	
组长		组员	
计划方案			
注意事项			

任务六实操记录表

任务名称		小组编号	
组长		组员	
执行步骤			
遇到的问题			
解决对策			
任务完成情况			

任务六结果评价表

评价项目	小组自评	教师终评
熟悉剪辑软件界面及其各类工具		
了解剪辑工作的基本步骤		
综合规划前期拍摄与后期剪辑的意识与能力		
无人机航拍综合能力		
剪辑综合能力		
具备较好的法律意识和安全操作意识		
具备工匠精神		

任务六总结反思记录表

总结项目	小组	个人
任务实施过程中做得好的地方		
任务实施过程中做得不好的地方		
改进措施		

表 1.2　大疆创新与道通智能同级别无人机性能对比

大疆创新		道通智能	
型号	性能	性能	型号
DJI Mini 2	＜ 249 克，31 分钟续航，5 级抗风，无避障，最大飞行高度 500 米，720P 图传质量，1/2.3 英寸 CMOS，1200 万像素，4K/30fps 视频拍摄	249 克，28 分钟续航，5 级抗风，最大飞行高度 800 米，最大 2.7K 图传质量，1/2.8 英寸 CMOS，5000 万像素，4K/30fps 视频拍摄	EVO Nano+
DJI Air 2S	595 克，31 分钟续航，5 级抗风，三向避障，最大飞行高度 500 米，1080P 图传质量，1 英寸 CMOS，2000 万像素，5.4K/30fps 视频拍摄	820 克，40 分钟续航，7 级抗风，三向避障，最大飞行高度 800 米，最大 2.7K 图传质量，1 英寸 CMOS，2000 万像素，6K/30fps 视频拍摄	EVO Lite+
DJI Mavic Air 2	570 克，34 分钟续航，5 级抗风，三向避障，最大飞行高度 500 米，1080P 图传质量，1.2 英寸 CMOS，4800 万像素，4K/60fps 视频拍摄	820 克，40 分钟续航，7 级抗风，三向避障，支持无损竖拍，最大飞行高度 800 米，最大 2.7K 图传质量，1.28 英寸 CMOS，5000 万像素，4K/60fps 视频拍摄	EVO Lite

注：数据源自大疆创新官方网站与道通智能官方网站

（二）无人机的组装与收纳

消费级民用无人机主要由机身、螺旋桨、电池、遥控器、充电设备组成，机身包含云台、镜头等摄影摄像设备。为方便携带与避免无人机受损，在完成航拍作业及地点转移时，应规范收纳无人机。在到达作业地点准备执行航拍时，依次规范取出无人机组件进行组装，并进行飞行前的安全检查。本教材以 DJI Mavic 3 无人机为例，讲解无人机的组装与收纳，其他机型组装与收纳方法与其相似。在与无人机相关的"1+X"各级证书考试中，无人机组装与收纳是无人机规范操作的基本考点。

1. 无人机的组装

将无人机的机身、螺旋桨、电池、遥控器从收纳包依次拿出后，建议按照下列步骤规范组装：

（1）将电池安装到机身上。无人机电池只有在正确安装的情况下，才能顺畅地扣到无人机机身上，并发出轻微的"咔"声。一般情况下，可以通过目视电池与机身露出铜芯的地方，相对应则为正确的安装方向，如图 1.8、图 1.9 所示；如果弄反安装方向，将无法把电池扣到机身上，飞手（无人机操控员）不可用蛮力硬压。

无人机的组装

安装电池

图 1.8　无人机电池铜芯处

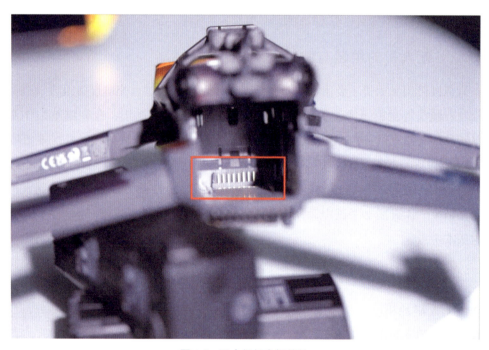

图 1.9　无人机机身铜芯处

（2）将螺旋桨安装到机身上。首先将机身上偏上的两个机翼向外打开，机身上偏下的两个机翼向下压打开。无人机机身上的这四个机翼分为一对正机翼与一对负机翼，成对机翼互为对角线关系。其中，处在对角线位置关系中的正机翼转盘为黑色，对应两根转盘为黑色的螺旋桨；另一对处在对角线位置关系中的负机翼转盘为白色，对应两根转盘为白色的螺旋桨。在将螺旋桨安装到机身机翼上之前，需要确认正负（黑白色）正确匹配。安装过程中，将螺旋桨转盘上的凸点对准机翼转盘上的凹点，轻压的同时按箭头指向旋转，完成安装。

安装螺旋桨

（3）遥控器安装。从遥控器底部拿出两根摇杆（不区分左右杆），旋转固定到遥控器摇杆槽，即可完成摇杆安装。如果使用的是带屏遥控器，则已经全部完成安装；如果使用的遥控器不自带屏幕，则需要将手机固定到遥控器上（遥控器会同时配备安卓、IOS、USB3.0 三种规格连接线）。

完成上述三个主要步骤后，即可按压打开云台保护罩，进行必要的起飞前安全检查、确认电池电量，做好起飞准备。

安装遥控器

思考：无人机四个机翼都是按照固有的方向高速转动带动无人机运动，如果螺旋桨错配安装，会出现什么后果？应该如何确认螺旋桨安装正确？

2. 无人机的收纳

为更好地保养无人机，每一次完成航拍作业后，应对无人机全套设备进行必要的清洁，并规范收纳。

盖上云台保护罩

（1）盖上云台保护罩。无人机安全落地并关闭电源后，云台和镜头一般会自动归位朝前，将保护罩两个凸出的卡口卡到机头下方，顺势罩住整个云台和镜头，轻压另一端卡口到底部后松开，便能完成为云台和镜头盖上保护罩的步骤。

（2）收纳螺旋桨。左手轻压稳定机身机翼，右手向下轻压的同时按箭头指示反方向旋转，取下螺旋桨，收入收纳包。四个螺旋桨都收好后，先将机身偏下的两个机翼朝上收到贴近机身位置，再将机身偏上的两个机翼朝内收到贴近机身位置。

收纳螺旋桨

（3）收纳遥控器。遥控器关机后（在电源键上短按 1 次并紧接着长按 3 秒），将两根摇杆逆时针旋转脱离摇杆槽，并归位到遥控器底部指定位置。不自带屏幕的遥控器，还需要将手机连接线拔掉，取出手机，将连接线接口扣进指定位置，完成收纳。

收纳遥控器

（4）收纳电池。无人机关机后（在电池电源键上短按 1 次并紧

接着长按 3 秒），右手拇指和食指反向压住电池左右侧的小按钮（其作用是松开电池与机身的卡扣），然后将电池向上拔起，完成收纳。

收纳电池

（5）电池充电与保养。将电池收纳好后，如果未来几天有外出航拍计划，则给电池充满电，确保其随时处于待命状态；如果未来将闲置较长时间，则给电池充电到 60% 左右（充电过程中电池身上第三颗指示灯闪烁），然后妥善保存。这样有助于维持电池健康，有效延长其使用寿命。

（三）无人机的基本操控

1. 起飞前的安全确认

无人机起飞前的安全确认，是无人机航拍作业中不可或缺的关键环节，也是无人机"1+X"各级证书考试的重要考点之一。

在无人机起飞前，按照规范流程组装好螺旋桨、电池等部件后，需要进行起飞前的安全确认，主要有以下几项：

（1）确认天气情况是否良好，如遇下雨、下雪、刮大风、打雷等具有较大飞行风险的天气，应暂停无人机起飞。

（2）微微摇晃安装到机身上的电池，确认安装稳定性，手指轻轻点压电池开关键，通过观察变亮的指示灯数量确认电池剩余电量（共 4 颗指示灯，每颗代表 25% 的剩余电量）。

（3）微微摇晃安装到机翼上的螺旋桨，确认已安装稳定，同时再次通过黑白色区分，确认螺旋桨安装方向是否正确，检查螺旋桨桨叶是否有断裂。

（4）环视无人机起飞点的周边环境，确保没有行人、动物靠近，同时确认无人机上方和四周近处没有障碍物。

（5）摘取无人机镜头和云台保护罩。

（6）依次打开遥控器、无人机电源开关（短按 1 秒，紧接着长按 3 秒），通过屏幕界面显示，确认无人机与遥控器顺利连接，观察屏幕界面左上角以确认起飞点是否可以安全起飞（根据无人机厂家数据库数据，屏幕上会显示当前起飞地点是否属于禁飞区），观察屏幕界面右上角确认卫星信号强弱、电池剩余电量等信息。

（7）进入屏幕界面菜单，确认当前摇杆模式是"中国手""美国手"，还是"日本手"。同时，在菜单中确认最大返航高度，以及其他需要调整、确认的参数。

提示："XX手"是摇杆模式的说法。无人机的摇杆模式分为"中国手""美国手""日本手"三种。这三种模式的区别仅在于摇杆的功能（指令）不同，比如在"中国手"模式下，将遥控器左杆向上推则是让无人机水平前进，而在"美国手"模式下，将遥控器左杆向上推则是让无人机垂直上升。这三种模式仅仅是指令设置有区别，不同的模式对应不同的摇杆功能，如图1.10所示。

鉴于行业中最常用的是"美国手"摇杆模式，本教材所有涉及遥控器操控的内容将基于"美国手"摇杆模式进行讲解。

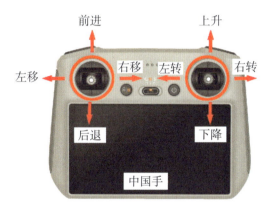

（a）无人机遥控器的"中国手"模式

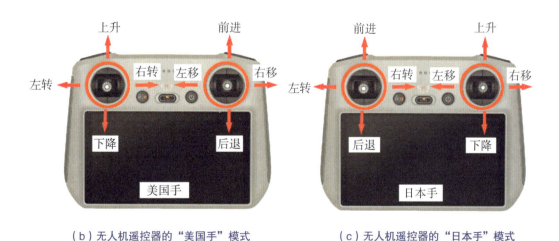

（b）无人机遥控器的"美国手"模式　　　　（c）无人机遥控器的"日本手"模式

图1.10　无人机三种摇杆模式对比图

思考：无人机起飞前如果不确认其遥控器摇杆模式，可能会出现什么情况和后果？

2. 起飞与降落

（1）无人机手动起飞方法。遥控器和无人机都打开电源并连接好之后，将遥控器左杆向右下方按压到尽头，同时将遥控器右杆向左下方按压到尽头（或者将遥控器左杆向左下方按压到尽头，同时将遥控器右杆向右下方按压到尽头），此时，无人机电机启动，螺旋桨高速旋转。将两杆恢复到原位，然后将左杆缓慢匀速向上推，此时无人机匀速向上空起飞。亦可通过"DJI FLY APP/DJI GO4"界面左侧"起飞"按钮，实现无人机自动起飞。

手动起飞

（2）无人机手动降落方法。无人机完成拍摄任务后，需要飞行到目视距离内平坦地面上空做好降落准备。在遥控器两杆处于原位的前提下，将左杆缓慢向下方按压，使无人机缓慢朝地面降低高度，在接近地面时无人机会自主感应地面、自主悬停，此时，将遥控器左杆向下按压到底，无人机会降落到地面，螺旋桨会自动停止旋转，实现安全降落。需要强调的是，为了尽可能确保安全，行

手动降落

业规范要求无人机降落时，机尾朝向飞手方向再执行降落操作。亦可通过"DJI FLY APP/DJI GO4"界面左侧"返航/降落"按钮，实现自动降落。

3. 摇杆与转轮

无人机的任何作业，都是通过遥控器上的两个摇杆，以及遥控器左右肩上的两个转轮实现的（不带变焦镜头的无人机，遥控器只有左肩上一个转轮）。在操作前，需要进入无人机菜单对摇杆模式进行设置，从"中国手""美国手""日本手"这三种模式中选择一种模式，锁定摇杆的命令模式。

（1）左杆操控。向左推左杆，无人机机身会原位向左转身，类似于站在原地的人向左转头；向右推左杆，无人机机身会原位向右转身，类似于站在原地的人向右转头；向上推左杆，无人机机身会向上空升高；向下推左杆，无人机机身会向下方降低高度，直至降落到地面。

（2）右杆操控。向左推右杆，无人机机身会向机身左侧移位，类似于站在原地的人向左跨步移动；向右推右杆，无人机机身会向机身右侧移位，类似于站在原地的人向右跨步移动；向上推右杆，无人机机身会向机头前方移位，类似于站在原地的人向正前方跨步移动；向下推右杆，无人机机身会向机头后侧移位，类似于站在原地的人向后退步移动。

（3）转轮操控。云台拨轮，位于遥控器左肩，用于控制无人机云台的俯仰，带动

镜头获得向上仰视或向下俯视的视角。变焦拨轮，仅配置在具备变焦镜头的无人机遥控器上，位于遥控器右肩，用于控制镜头焦段变化。

左右两杆可分别操控，也可一起操控，实现无人机灵活运动，例如在向上缓慢推左杆的同时，向右上方缓慢推右杆，无人机会一边上升高度，一边向右前方前进。如果在控制左右杆的同时转动转轮，可实现丰富、复杂的航拍运镜模式。

另外，在操控无人机的同时，飞手需要兼顾对机身、遥控器屏幕界面的观察，通过屏幕界面左下角的坐标图及四项数值了解无人机飞行距离、高度、纵向飞行速率、横向飞行速率等，做到对无人机的飞行和航拍状态心中有数。

4. 飞行模式

无人机飞行模式主要分为三种，分别是平稳模式 C、普通模式 N、运动模式 S，如图 1.11 所示。

图 1.11　遥控器上三种飞行模式示意图

（1）平稳模式 C。无人机对遥控器的指令反应幅度轻微、柔和，一般适用于技术还不太熟练的无人机航拍初学者，同时也常用于视频拍摄中，以获得运镜平缓的镜头。

（2）普通模式 N。无人机对遥控器的指令反应幅度适中，这是绝大多数飞手在绝大多数情况下使用的飞行模式。

（3）运动模式 S。无人机对遥控器的指令反应幅度巨大、激烈，一般适用于技术熟练的资深飞手。此外，在无人机电量告急或者其他需要尽快将无人机飞到指定位置的情况下，常用到该模式。需要提醒的是，在该模式下无人机的智能避障功能会失效，飞手尤其需要注意飞行安全。

5. 航拍界面

熟悉航拍界面，对航拍状态下的无人机各项参数做到心中有数，是安全、敏捷、

高效完成航拍任务的必要条件。航拍状态下的屏幕界面如图 1.12 所示。

图 1.12　航拍状态下的屏幕界面

在屏幕界面中，左上角显示无人机当前的飞行模式、飞行状态；左下角显示无人机当前的飞行位置、飞行高度、飞行距离、飞行速度；右上角显示无人机当前的剩余电量、卫星信号强度、图传信号强度等；右下角显示无人机当前的图像尺寸、曝光模式、曝光参数、白平衡设置、储存卡剩余容量等。

在正式航拍前，需要在菜单栏中对无人机进行必要的性能参数设置与确认，主要包括安全设置、操控设置、拍摄设置和图传设置。这些设置界面，都会有简洁的文字说明，帮助飞手理解每一项设置的目的和结果。

（1）安全设置。如图 1.13 所示，主要为确保无人机安全飞行进行必要的参数设置，如"避障行为"可以设定无人机在遇到障碍物时是绕开继续飞行还是悬停在原处，

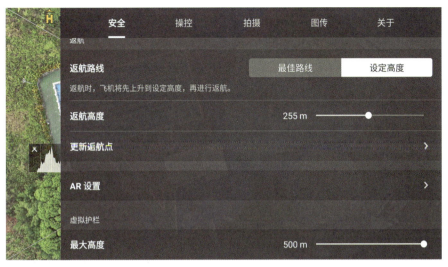

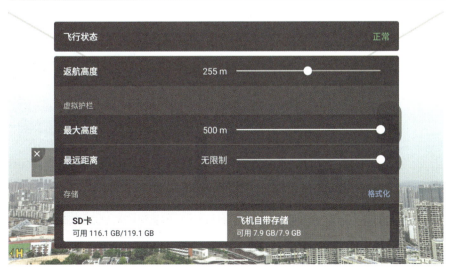

图 1.13　安全设置

"返航高度"指定无人机先自行纵向上升到指定高度后再横向返回到起飞点降落。

（2）操控设置。如图 1.14 所示，主要就遥控器与无人机的"发出指令——接收指令——无人机反应"进行参数设置，其中最重要的一项就是前文提及的"摇杆模式"设置，不同的摇杆模式下，同一打杆动作会引发无人机执行不同的指令。

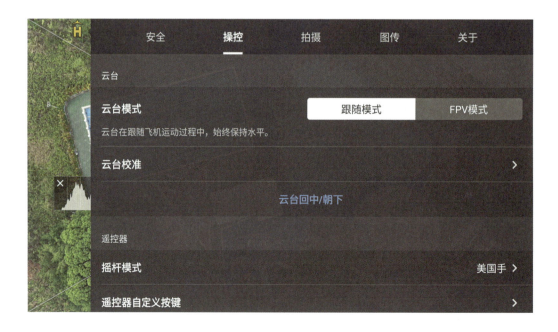

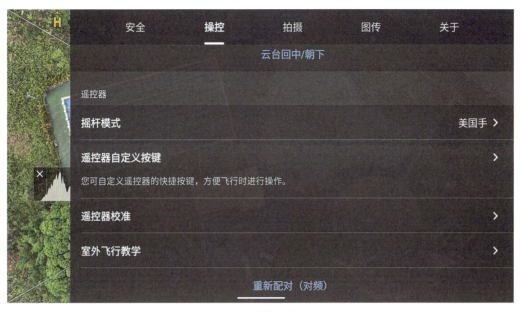

图 1.14　操控设置

（3）拍摄设置。如图 1.15 所示，主要围绕无人机摄影、摄像的功能和质量进行设置，如照片或视频的格式、峰值等级、白平衡等。

（4）图传设置。如图 1.16 所示，主要就无人机在前方完成拍摄命令的同时将图像/视频传送到飞手手中的遥控器屏幕过程中涉及的频段等参数进行设置。

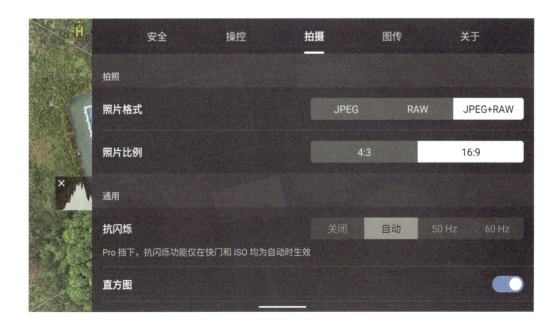

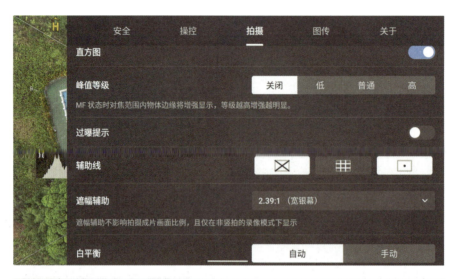

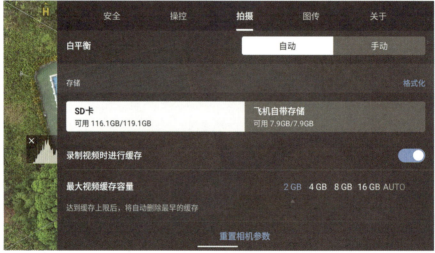

图 1.15　拍摄设置

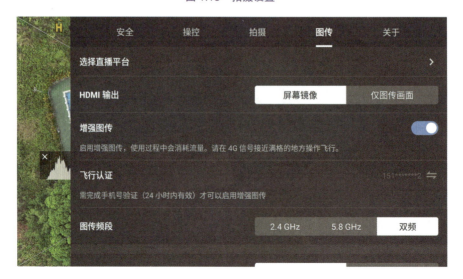

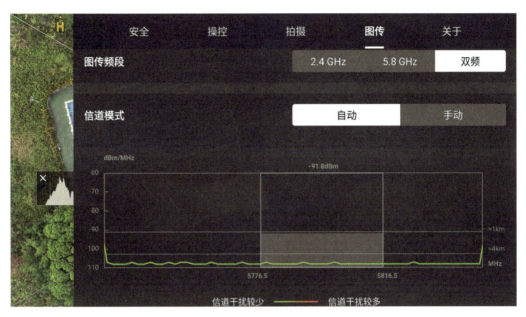

图 1.16　图传设置

（四）无人机的法律监管

随着无人机越来越广泛地应用于新闻传播、影视制作、文化宣传、农业植保、电力巡航等领域，无人机航拍爱好者人群持续壮大，无人机安全管理制度也在不断趋于完善：中国民用航空局搭建的国家无人驾驶航空器一体化综合监管服务平台（民用无人驾驶航空器综合管理平台）于 2024 年 1 月 1 日正式投入运营，中国境内所有无人机需要在该平台进行实名注册登记备案；《民用无人驾驶航空器运行安全管理规则》于 2024 年 1 月 1 日正式颁布实施。所有无人机从业者都需要严格遵守平台管理规则和《民用无人驾驶航空器运行安全管理规则》。

按照国家关于航空管理的法律法规，无人机航拍需要特别关注下列区域关于禁止飞行无人机的规定。

1. 机场净空区

为确保机场安全有效运行，《中华人民共和国民用航空法》对机场附近沿起降航线一定范围内的空域提出要求，即净空要求：禁止有障碍物在飞机低空起飞、降落时干扰安全飞行。这个区域被称为机场净空区。

2. 特殊管理区

在进行航线规划、执行航拍任务时，需要避开下列特殊管理区域：部队驻地、部队演习区域、军事相关设施、军事相关活动区域、政府等重要机关单位驻地、边境线、边防哨所、核设施，以及其他与国家安全有关的建筑和设施。

3. 区域性管制

一些城市颁发地方性法规，对无人机禁飞地段、时段提出明确要求，需要飞手核实当地的地域性无人机管制规定。比如北京市、广州市全市范围禁飞无人机，有些城市在承办博览会等大型活动时也在特定时间段、特定范围禁飞无人机。

及时了解国家法律法规、地方政府划定的禁飞区域，确认计划中的航拍目的地是否为禁飞区，还可以通过大疆创新的"DJI FLy"App主界面中的"设置"—"限飞信息查询"选项，在搜索栏中输入目的地名称查询确认，或在大疆创新官方网站的"安全飞行指引"—"限飞区查询"中进行禁飞区的查询与确认。

此外，各个国家和地区都有其关于无人机飞行的法律法规。2024年1月大疆创新的"DJI FLy"App增加飞行安全地图功能，支持查询全球各地飞行前准备要求和具体地点注意事项，可在飞行前查询不同机型在不同城市的飞行前安全准备步骤。

思考： 请查询确认，你目前所在的区域是否允许无人机航拍？

（五）无人机航拍注意事项

安全，是无人机航拍要遵守的第一原则。在无人机航拍全过程，飞手需要始终把安全放在第一位，包括他人安全、自身安全、国家信息安全、场地公共设施安全和无人机设备安全等。

在起飞前，飞手必须对无人机设备进行确认，包括电池电量、电池安装稳定性、螺旋桨安装正确且稳定、镜头和云台保护罩已打开等，通过飞行界面查看卫星信号强度、返航点刷新情况等。

在飞行作业过程中，需要随时环视周边有无影响无人机安全飞行的障碍物，避免上空有电线、树枝等，更要确保航拍区域是非禁飞区，避免违反、触犯相关法律法规。另外，气候也关系到无人机的飞行安全，大风、下雨、下雪天气不应执行航拍任务，高海拔地区则需要注意电池的续航能力下降等问题。

在完成飞行任务返回时，要注意无人机返航高度应高于飞行路径障碍物，把控无人机所处的方位及飞行方向等，在降落时确保机尾朝向飞手，并及时规范收纳无人机。

三、课后练习

（一）理论巩固

1. 单项选择题

（1）有利于无人机安全飞行的环境是（　　　）。

A. 平坦的海面上

B. 空旷的广场上

C. 高楼林立的街道上

D. 空无一人的楼房内

（2）《民用无人驾驶航空器运行安全管理规则》于（　　　）颁布实施。

A. 2015 年 5 月 1 日

B. 2020 年 6 月 1 日

C. 2022 年 9 月 1 日

D. 2024 年 1 月 1 日

（3）"美国手"摇杆模式下，遥控器右杆向上推，半空中的无人机会（　　　）。

A. 向前飞行

B. 向上飞行

C. 向下飞行

D. 向后飞行

（4）无人机航拍过程中，遥控器显示屏左下角的 H90 指的是（　　　）。

A. 当前飞行速度为 90 米 / 秒

B. 当前飞行距离为 90 米

C. 当前飞行高度为 90 米

D. 当前升高速率为 90 米 / 秒

（5）打开无人机电源开关，正确的做法是（　　　）。

A. 长按电源键 3 秒

B. 短按电源键 1 秒

C. 长按电源键 3 秒后紧接着短按电源键 1 秒

D. 短按电源键 1 秒后紧接着长按电源键 3 秒

（6）"美国手"摇杆模式下，遥控器左杆向左推时，半空中的无人机会（　　　）。

A. 向左侧飞行

B. 在原位向左转

C. 向右侧飞行

D. 在原位向右转

（7）手动遥控无人机降到地面并使电机停转，正确的操作是（　　　）。

A. 将遥控器左杆向下压到底

B. 将遥控器右杆向下压到底

C. 将遥控器左杆向下压到底后，将右杆向下压到底

D. 将遥控器右杆向下压到底后，将左杆向下压到底

（8）会使智能避障功能失效的飞行模式是（　　　）。

A. 普通模式

B. 平稳模式

C. 运动模式

D. 延时模式

（9）全区域禁飞的城市是（　　　）。

A. 上海

B. 北京

C. 深圳

D. 南宁

（10）当无人机长时间闲置时，电池的最佳电量为（　　　）。

A. 20%

B. 60%

C. 80%

D. 100%

2. 多项选择题

（1）启动无人机，下列操作正确的是（　　　）。

A. 将遥控器左杆向左下方按压到尽头

B. 将遥控器右杆向右下方按压到尽头

C. 将遥控器左杆向右下方按压到尽头，同时将右杆向左下方按压到尽头

D. 将遥控器左杆向左下方按压到尽头，同时将右杆向右下方按压到尽头

（2）不利于无人机电池保存的环境是（　　　）。

A. 低温环境

B. 高温环境

C. 潮湿环境

D. 常温环境

（3）常见的无人机摇杆模式有（　　　）。

A. 德国手

B. 中国手

C. 美国手

D. 日本手

（4）以下属于无人机禁飞区的是（　　　）。

A. 大学校园

B. 国家机关

C. 市区公园

D. 机场

（5）执行无人机航拍任务前，必须做好的准备工作有（　　　）。

A. 确认电池电量

B. 确认无人机安装正确

C. 确认航拍地点是否禁飞区

D. 确认天气情况

3. 问答题

（1）执行无人机航拍任务前，无人机安装有哪些步骤？

（2）为确保无人机航拍安全、合规，航拍前需要考虑、确认哪些因素？

（二）任务实操

1. 任务布置

仔细阅读以下 3 项任务，与小组成员一起制订计划。熟记相关理论知识后进行实际操作。

（1）了解你所在的城市对无人机飞行空域的管理规定。

（2）组装无人机，并在起飞前进行安全检查。

（3）在无人机机头对着飞手、机身距离地面 10 米、机身距离飞手 10 米时，完成无人机的安全降落。

无人机摄影摄像技术

任务提示

（1）了解某地对无人机飞行空域的管理规定，需要先了解无人机管理相关的全国性法律法规，然后查阅当地政府、航空管理部门、公安部门针对无人机管理所发布的地方性法律法规。可以通过网络查找，也可以通过相关单位咨询热线进行咨询与确认。

（2）无人机的组装与安全检查，请查阅本章学习内容的"知识解读"部分，注重逻辑、顺序、细节。

（3）实现无人机在特定位置安全降落，请查阅本章学习内容的"起飞与降落"与"摇杆与转轮"部分，尤其需要注意任务设置中"无人机机头对着飞手"这一细节，以及行业规范中"无人机降落时机尾朝向飞手"这一规定，认真分析方位与方向，仔细厘清操控摇杆的思路，方可胸有成竹地完成任务。

2. 结果评价

完成任务后，根据实际情况进行小组自评，并邀请教师进行评价。

3. 总结反思

结合教师的评价，对自己小组任务完成情况进行总结反思，并有针对性地进行理论知识复习和实践练习。

任务二 / 无人机摄影摄像基础

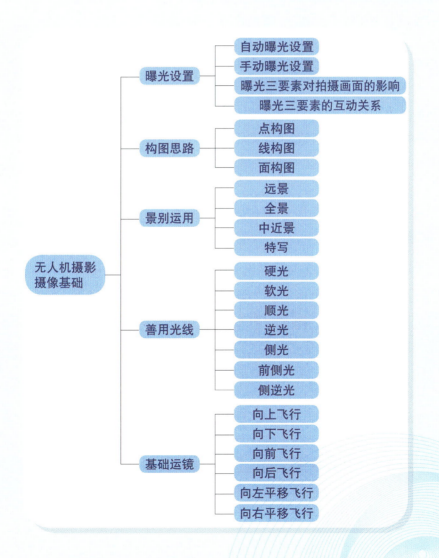

无人机摄影摄像基础
- 曝光设置
  - 自动曝光设置
  - 手动曝光设置
  - 曝光三要素对拍摄画面的影响
  - 曝光三要素的互动关系
- 构图思路
  - 点构图
  - 线构图
  - 面构图
- 景别运用
  - 远景
  - 全景
  - 中近景
  - 特写
- 善用光线
  - 硬光
  - 软光
  - 顺光
  - 逆光
  - 侧光
  - 前侧光
  - 侧逆光
- 基础运镜
  - 向上飞行
  - 向下飞行
  - 向前飞行
  - 向后飞行
  - 向左平移飞行
  - 向右平移飞行

一、导学案例：航拍图片及航拍视频作品赏析

扫码观看导学案例，并分析讨论。

【分析讨论】

（1）与地面摄影摄像相比，无人机的拍摄视角具有哪些优势？

（2）案例中精美的画面，构图有什么特点？

（3）你是否知道"景别"？案例中都有哪些景别？

20张航拍图片

航拍视频

近年来，无人机航拍之所以成为影视和传媒行业不可或缺的技能，一方面是因为无人机极大地拓展了拍摄的纵深空间，带来有别于传统地面拍摄的新颖角度和视觉冲击，另一方面是因为人机分离拍摄的实现，让拍摄设备可以灵活地到达人所不能及的位置，获得传统拍摄无法获得的拍摄视角和视点。

（一）分析视角和视点

1. 视角

无人机不仅可以以传统地面拍摄的角度进行拍摄，还可以悬停于半空，将镜头"视线"垂直于地面，以传统地面摄影难以做到的俯视视角进行拍摄，如图 2.1 所示。这得益于无人机可以灵活地飞行到空旷空间中的任意位置，且无人机镜头可以灵活地控制拍摄角度。

2. 视点

无人机机身小巧，具备灵活穿梭、悬停于半空的优势，可以轻松达到人和地面摄影设备难以触及的视点，如图 2.2 所示。而无人机机身上的镜头和云台可以实现多角度变化，使得无人机可以轻松俯拍水面上的被摄目标、跨越悬崖拍摄对岸全景、悬在半空拍摄摩天大楼的窗户特写等。这些优势，令无人机航拍成为传统地面摄影的有力补充，开辟了更多的摄影摄像视点。

图 2.1　无人机俯视视角

图 2.2　无人机悬空视点

（二）分析景别

相对而言，无人机航拍最擅长的是大全景的拍摄，如图 2.3（a）所示，强大的视觉冲击力是无人机航拍的显著优势之一。当然，无人机也能够像传统地面摄影一样，

实现中近景和特写的拍摄——尤其当被摄主体的体积较庞大时［见图2.3（b）（c）］，但是在拍摄特写镜头时，需要准确判断无人机机身与被摄主体之间的距离，避免发现碰撞。可使用无人机长焦镜头通过变焦实现景别的全面覆盖。

（a）远景

（b）中近景

（c）特写

图2.3　无人机拍摄同一主体的三种景别

（三）分析曝光组合

无人机拍摄的曝光原理和表现形式与传统地面摄影的无差别。曝光模式主要分为两种，一种是自动曝光，一种是手动曝光。前者不需要飞手深刻理解曝光原理，无人机会根据拍摄环境的明暗，自动计算适当的曝光组合，拍摄出恰当曝光（明暗度适中）的画面；后者需要飞手熟悉曝光原理，通过手动设置锁定曝光组合参数，无人机经过光线明暗不一的环境时，拍摄到的画面能够准确反映出环境中的明暗对比关系。

（四）分析镜头运动

无人机拍摄的镜头运动方式与传统地面摄像的也没有太明显差别。在视频案例中，可以看出无人机的运镜方式也多种多样，运镜过程平稳流畅。与传统地面摄像不同的是，无人机摄像在运镜过程中需要更注意无人机的飞行安全，尤其是在无人机后退或朝左、右侧运动时，注意避免机身撞到障碍物导致炸机。

二、知识解读

（一）曝光设置

对摄影摄像曝光产生影响的要素主要有三个：快门速度、光圈、感光度。

1. 自动曝光

自动曝光模式下，无人机会自动检测当前拍摄环境的光线明暗度，自动匹配快门速度、光圈、感光度这三个参数，确保无人机的实时拍摄画面获得准确的曝光。由于是无人机自动完成，这种模式常用于光照正常、光比均匀的拍摄环境，以及不需要刻意通过高调曝光或者暗调曝光去突出画面感情色彩的情况。自动曝光的设置方法是，先点击屏幕界面的"AUTO"（点击后，"AUTO"会变为"PRO"），接着分别点击"ISO""快门""光圈"栏的"自动"，如图2.4所示。

2. 手动曝光

手动曝光，即飞手对曝光三要素——快门速度、光圈、感光度进行自主设置，这就需要飞手对曝光原理和曝光三要素有较深入的理解。

（1）快门速度，控制的是镜头打开、受光的时间长短。如果把曝光理解为在水龙头底下用水桶接水，那么快门速度可以理解为打开然后关上水龙头的速度，控制的是水龙头开启时间的长短，水龙头打开的时间越长，水桶就接到越多的水。因此，快门

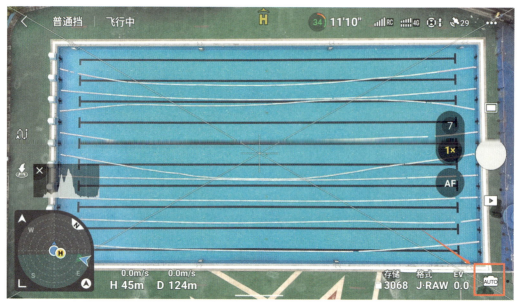

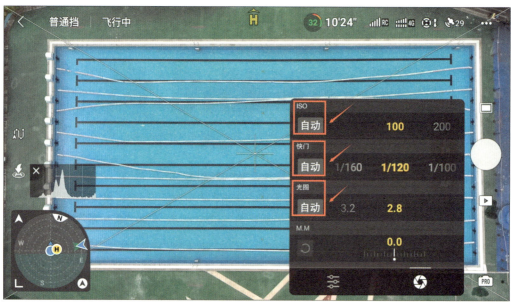

图 2.4　无人机自动曝光设置

速度越高（快门开启至闭合所经历的时间越短），拍摄画面所得到的曝光量就越少，画面就越暗；相反，快门速度越低，曝光量就越大，画面就越亮。常见的快门速度数值有（按快门速度从高到低的顺序）：1/2000、1/1600、1/1000、1/800、1/500……1/50、1/25、1/2、1、2、5、10 等。拍摄现场可以根据需要自主设定快门速度的数值。

　　设置无人机快门速度时，先确认屏幕界面右下角拍摄模式为"PRO"（不能是"AUTO"），然后在"快门"栏选择合适的快门速度，实时显示的画面曝光度合理即可，如图 2.5 所示。

图 2.5　无人机手动设置快门速度

（2）光圈，控制的是单位时间内光线进入画面的流量大小。如果把曝光理解为在水龙头底下用水桶接水，那么光圈可以理解为打开水龙头的大小，水龙头打开得越大，同一时间段内，水桶就接到越多的水。因此，光圈值设置得越大，拍摄画面所得到的曝光量就越多，画面就越亮；相反，光圈值设置得越小，拍摄画面所得到的曝光量就越少，画面就越暗。常见的光圈值有（按光圈从大到小的顺序）：F1.4、F1.8、F2.0、F2.8……F6.3、F8、F11、F13 等。可以根据拍摄现场需要自主设定光圈的数值。需要注意的是，F 后面的数字越小，意味着光圈值越大。

设置无人机光圈时，先确认屏幕界面右下角拍摄模式为"PRO"（不能是"AUTO"），然后在"光圈"栏选择合适的光圈数值，实时显示的画面曝光度合理即可，如图 2.6 所示。

图 2.6　无人机手动设置光圈

（3）感光度，控制的是镜头（画面）对光线的反应强度。如果把曝光理解为在水

龙头底下用水桶接水，那么感光度可以理解为水龙头的水压，同一时间段内、水龙头开口同样大，水压越大，水桶就接到越多的水。因此，感光度数值设置得越大，拍摄画面所得到的曝光量就越多，画面就越亮；相反，感光度数值设置得越小，拍摄到的画面所得到的曝光量就越少，画面就越暗。常见的感光度数值从小到大依次有：100、200、400、800、1600、3200……12800等，可以根据拍摄现场需要自主设定感光度的数值。

设置无人机感光度时，先确认屏幕界面右下角拍摄模式为"PRO"（不能是"AUTO"），然后在"ISO"栏选择合适的感光度数值，实时显示的画面曝光度合理即可，如图2.7所示。

图2.7　无人机手动设置感光度

思考：在自动曝光模式下，无人机能否在所有环境中完成拍摄任务？为什么？

3. 曝光三要素对拍摄画面的影响

曝光三要素会对拍摄画面产生不同的影响，为了精准获得所需要的拍摄效果，需要了解并在拍摄过程中有效利用这些影响。

（1）快门速度对画面的影响主要体现在画面的清晰程度上。如图2.8所示，快门速度越高，越容易得到清晰的画面；反之，快门速度越低，越容易得到模糊的画面。高速快门常用于拍摄、捕捉运动物体的瞬间；低速快门常用于拍摄、表现物体的动态。

在传统地面摄影中，在三脚架的配合下，低速快门也常用于拍摄夜景，通过拉长曝光时间得到明暗度合理的画面。

图 2.8　快门速度越高，拍摄的运动物体越清晰；快门速度越低，拍摄的运动物体越模糊

（2）光圈对画面的影响主要体现在画面的清晰范围（摄影专业术语为"景深"）上。光圈值越大，画面清晰范围越窄，画面中对焦处的物体最清晰，距离对焦处从近到远渐变模糊。如图 2.9 所示，如果用很大的光圈值拍摄，会得到很窄的清晰范围；反之，用很小的光圈值拍摄，则会得到很宽的清晰范围。

图 2.9　光圈值越大，背景越模糊；光圈值越小，背景越清晰

　　（3）感光度对画面的影响主要体现在画面的细腻或粗糙程度上。如图 2.10 所示，感光度数值越大，画面越粗糙；反之，感光度数值越小，画面越细腻。

图 2.10　感光度数值越大，画面越粗糙；感光度数值越小，画面越细腻

　　因此，在实际拍摄过程中，如果用手动设置曝光，除了考虑曝光三要素分别对曝光产生的影响，还要考虑三者各自对拍摄画面产生的影响，在追求恰当曝光的前提下，尽可能利用有利影响、避开不利影响。

4.曝光三要素的互动关系

　　在了解曝光原理、曝光三要素对拍摄画面的影响之后，在实际拍摄过程中，需要思考、运用好曝光三要素的互动关系（见图 2.11），从而合理设置曝光参数，以达到理想的拍摄画面效果。

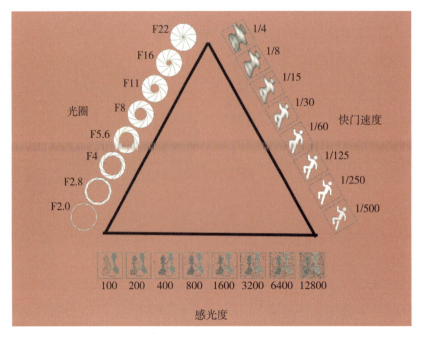

图 2.11 曝光三要素的互动关系

通过图 2.11，我们可以得出这样的结论。

（1）锁定快门速度的情况下，为获得同样的曝光量，当光圈值被调大，则需要相应地把感光度值调低；反之调高。

（2）锁定光圈的情况下，为获得同样的曝光量，当感光度值被调大，则需要相应地把快门速度值调高；反之调低。

（3）锁定感光度的情况下，为获得同样的曝光量，当光圈值被调大，则需要相应地把快门速度值调高；反之调低。

> **提示**：在无人机摄像作业（拍摄视频）中，快门速度的最佳值为 1/（帧速率×2）。

在对曝光三要素进行设置时，需要综合考虑具体拍摄环境，搭配出最佳的曝光组合。

思考：为获得较小的景深，需要对哪个参数进行调整？然后，为保持原来的曝光量，应该对另外两个参数做怎样的调整？

（二）构图思路

构图，就是透过镜头取景框，对画框中的事物进行取舍、排列、组合，得到符合人们审美习惯的视觉画面。一般情况下，无人机航拍构图是通过飞手控制无人机方位、镜头角度、镜头焦段等方式实现的，当被摄主体是可以移动的物件时，也可在调整无人机的基础上通过调整拍摄对象的位置来完成构图。

无人机摄影摄像的构图，可以从点、线、面这三个方面来考虑。

1. 点构图

点构图，就是被摄主体在画面中呈现为画面中心点、黄金分割点等形式。中心点构图是将被摄主体置于画面中心位置，该位置有"权威""重要"等含义，使被摄主体很容易获取观者注意力。黄金分割点可近似地认为是"井"字形线条（横向和纵向的三等分线）的交点，将被摄主体置于黄金分割点，可以避免呆板，同时兼顾画面平衡。如图 2.12、图 2.13 所示。

图 2.12　中心点构图

图 2.13　黄金分割点构图

2. 线构图

线构图,就是画面中的元素分布在视觉上呈现出直线、三分线、对角线、曲线、汇聚线、引导线等样式。其中,每种线条都会传达出不一样的视觉意境,比如直线给人平稳感、力量感,曲线给人柔美感,对角线给人灵动感、趣味感,汇聚线和引导线都能够将观者的注意力引向被摄主体。如图 2.14—图 2.19 所示。

图 2.14 直线构图

图 2.15 三分线构图

图 2.16　对角线构图

图 2.17　曲线构图

图 2.18　汇聚线构图

图 2.19　引导线构图

3. 面构图

面构图，表现为被摄主体或画面中的元素在画面中呈现为三角形、圆形、框架式等形式，另外还可呈现出对称关系、轻重平衡关系、东方美学中的留白形式等。三角形在体现趣味性的同时给人以稳定感，圆形给人以圆满、完美、润和等观感，框架式给人以封闭、平稳、严肃等观感。如图 2.20—图 2.25 所示。

图 2.20　三角形构图

图 2.21　圆形构图

图 2.22　框架式构图

图 2.23　对称关系构图

图 2.24　轻重平衡关系构图

图 2.25　留白构图

　　思考：假如有一位女孩站在沙滩上望向蔚蓝的大海，思考一下，可以运用哪些构图方式拍出好看的照片？

（三）景别运用

景别指被摄主体（人、物）在画面中所占据的范围大小，一般分为远景、全景、中近景、特写。为便于理解，这里以人物作为被摄主体，对不同景别的定义和运用进行讲解，如图 2.26 所示。

图 2.26　景别分类

1. 远景

远景，被摄主体占画面的比例一般小于 1/4，这种景别主要用于展现人物与环境的关系，营造故事发生的环境氛围（见图 2.27），在有叙事性的视频中有助于奠定感情基调，常见于剧情的开始或结尾。另外，远景还可用于视频中的空间转换，以及刻画人物的孤独、渺小、无助。

图 2.27　电影《决胜时刻》中的远景镜头

2. 全景

全景，兼顾环境与主体，画面在展现被摄主体全貌的同时，也纳入一部分环境信息。环境的质感、光线、色彩、道具等可以补充剧情信息、衬托剧情氛围，被摄主体的全貌、动作等则推动叙事发展，如图 2.28 所示。

图 2.28　电影《决胜时刻》中的全景镜头

3. 中近景

中近景，画面只摄取人物膝盖以上的部分，人物占画面比例较大，环境信息则相对较少，如图 2.29 所示。被摄人物超过 1 人时，中近景能很好地展示人物关系。常用于交代人物"正在做什么事"，是最常用的景别，也是情感情绪最客观的叙事景别。在视频剪辑中，中近景镜头也常被用作远景镜头与特写镜头之间的过渡。

思考： 想要传递画面中人物激动的情绪，选用哪一种景别最恰当？

图 2.29　电影《决胜时刻》中的中近景镜头

4. 特写

特写，只摄取人物肩部以上的部分，人物几乎占满整个画面的景别，如图2.30所示。常用于强调事物细节，或强调人物情感情绪，可以使观者产生强烈的视觉和心理反应。在无人机航拍中，常用于拍摄大山、大楼等较庞大的物体。

图2.30　电影《决胜时刻》中的特写镜头

（四）善用光线

无人机航拍几乎都是在自然光中进行，而光会影响画面的曝光、质感、氛围，理解并利用好环境中的光，对拍出兼具外在美感和内在情感的画面具有决定性的影响。在摄影摄像实践中，从性质来看，光线可分为硬光和软光；而从方向来划分，光线则主要分为顺光、逆光、侧光，除了这三种主要光线，还可以通过拍摄视角的微调得到侧逆光等，如图2.31所示。

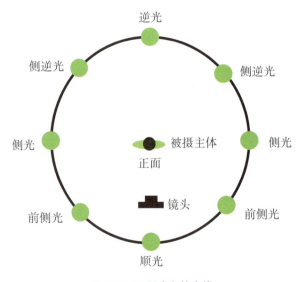

图2.31　不同方向的光线

1. 硬光

硬光，也叫直射光，表现为强烈的明暗反差，给人热烈、极端、刚烈等印象，如图 2.32 所示。一般出现在晴天的上午 10 时到下午 4 时期间，尤其是阳光强烈的天气里。

图 2.32　硬光

2. 软光

软光，也叫散射光，表现为均匀、反差小，给人一种柔和、平静的感觉，如图 2.33 所示。一般出现在晴天的上午 10 时之前和下午 4 时以后，也常见于阴天或多云天气里。

图 2.33　软光

3. 顺光

顺光，就是正面照射被摄主体的光线，光线照射的方向与无人机镜头所指的方向一致，如图 2.34 所示。顺光的优点是能让所拍摄的画面细节完整地展现，整个画面清晰明亮，缺点是反差较小，画面平淡普通，缺少情感情绪。

图 2.34　顺光

4. 逆光

逆光，就是照射方向与无人机镜头所指方向相对、相反的光线，被摄主体在镜头与光源之间，镜头、被摄主体、光源三者处在同一直线上，如图 2.35 所示。逆光拍摄的画面，有的会形成剪影效果，有的会在主体周围勾勒出漂亮的轮廓光，不仅具有艺术美感，也颇具情感色彩。

图 2.35　逆光

5. 侧光

侧光，就是照射方向与镜头拍摄方向垂直的光线，如图 2.36 所示。侧光中拍摄的被摄主体明暗分明，具有明显的层次感。常用于表现被摄主体的立体感、空间感。

图 2.36　侧光

6. 前侧光

前侧光，就是照射方向居于顺光与侧光之间的光线，如图 2.37 所示。前侧光能够赋予被摄主体鲜明的立体感，常用于突出被摄主体的层次感和轮廓线条，使画面更加生动立体。

图 2.37　前侧光

7. 侧逆光

侧逆光，就是照射方向居于侧光与逆光之间的光线，如图 2.38 所示。与前侧光类似，侧逆光也可以让被摄主体富有立体感，同时具有一定的神秘感，常用于烘托场面、营造气氛，比如用来表现场景或人物的神秘感。

图 2.38　侧逆光

在无人机摄影摄像作业中，需要根据被摄主体、拍摄意图等具体情况，选择理想的天气和合理的机位、视点、视角，方能拍摄出惊艳的画面。

思考： 面对美丽的自然风光，选用哪一种光线最能展现风光画面细节？

（五）基础运镜

学会无人机航拍运镜，是实现无人机摄像的前提，也是安全飞行作业的保障。熟练掌握无人机航拍运镜基础技术，方能更好地在后期学好用好多维度运镜和其他进阶航拍手法。无人机航拍的基础运镜主要有六个基本飞行动作：向上飞行、向下飞行、向前飞行、向后飞行、向左平移飞行、向右平移飞行。

熟练掌握无人机航拍的基本操控和基础运镜，是无人机"1+X"各级证书考试的基本要求，也是最核心、分数占比最大的考点。

1. 向上飞行

无人机向上飞行拍摄，类似于影视创作运镜中的"升镜头"，给予观众一种纵向观察高大被摄主体的独特视觉体验。控制无人机向上飞行拍摄时，只需用左手缓慢、匀速地向上推遥控器左杆（见图 2.39），即可实现无人机缓慢、匀速地提升高度。

图 2.39　无人机向上飞行的打杆方式　　　　　　　　向上飞行

2. 向下飞行

无人机向下飞行拍摄，类似于影视创作运镜中的"降镜头"，提供了从高处逐渐逼近高大被摄主体的独特观察视角。与向上飞行操作相反，进行向下飞行拍摄时，只需用左手缓慢、匀速地向下打遥控器左杆（见图 2.40），即可实现无人机缓慢、匀速地降低高度。

图 2.40　无人机向下飞行的打杆方式　　　　　　　　向下飞行

3. 向前飞行

无人机向前飞行拍摄，类似于影视创作运镜中的"推镜头"，能产生一种从广阔环境逐渐逼近被摄主体的强烈视觉冲击力。控制无人机向前飞行拍摄时，只需用右手缓慢、匀速地向上推遥控器右杆（见图 2.41），即可实现无人机缓慢、匀速地向机身（镜头）前方飞行。

图 2.41　无人机向前飞行的打杆方式

向前飞行

4. 向后飞行

无人机向后飞行拍摄，类似于影视创作运镜中的"拉镜头"，能带来一种从被摄主体抽离、向广阔环境退去，仿佛告别被摄主体或完成一段叙事的视觉感受。控制无人机向后飞行拍摄时，只需用右手缓慢、匀速地向下打遥控器右杆（见图 2.42），即可实现无人机缓慢、匀速地向机身（镜头）后方飞行。

图 2.42　无人机向后飞行的打杆方式

向后飞行

5. 向左平移飞行

无人机向左平移飞行拍摄，类似于影视创作运镜中向左运动的"移镜头"，给予观众一种跟随视角，让其能横向观察环境。控制无人机向左平移飞行拍摄时，只需用右手缓慢、匀速地向左推遥控器右杆（见图2.43），即可实现无人机的缓慢、匀速地向左侧平移飞行。

图 2.43　无人机向左平移飞行的打杆方式

向左平移飞行

6. 向右平移飞行

无人机向右平移飞行与无人机向左平移飞行拍摄类似。操作时只需用右手缓慢、匀速地向右推遥控器右杆（见图2.44），即可实现无人机缓慢、匀速地向右侧平移飞行。

图 2.44　无人机向右平移飞行的打杆方式

向右平移飞行

此外，无人机在各个方向飞行的过程中或在悬停状态下，都可以实现机身左转与右转，以及镜头云台的俯、仰角度调整，以实现更多的运镜效果，打杆方式如图2.45—图2.47所示。

图2.45　无人机原位左转的打杆方式

图2.46　无人机原位右转的推杆方式

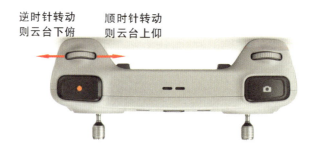

图2.47　无人机镜头云台俯、仰角度调整方法

在无人机遥控器操控过程中，可以将左杆、右杆想象为它们各在一个圆形时钟的中心，将杆往"时钟"任意一个方向上打，无人机就会做出相应的飞行动作。例如，将左杆往12点钟方向推，则无人机垂直上升，此时将右杆往12点钟方向推，则无人机在向上升的同时往机头前方飞行，得到一个向前方斜线上升的飞行轨迹；将左杆往9点钟方向推，则无人机在原位左转，此时将右杆往3点钟方向推，则无人机一边左转一边不断往机身右侧平移飞行，得到一个逆时针环绕的飞行轨迹。

在实际无人机航拍过程中，要始终保持轻缓、匀速地控制摇杆，才能拍摄出流畅、平稳的连续画面（视频），也为后期剪辑提供更多的素材选择空间、降低剪辑工作难度。

思考：将遥控器左杆向上推的同时，能否将右杆向下打？会出现什么样的情况？请分析其过程。

三、课后练习

（一）理论巩固

1.单项选择题

（1）与曝光无关的要素是（　　　）。

A. 光圈

B. 快门速度

C. 感光度

D. 白平衡

（2）关系到画面主体清晰范围（景深）的要素是（　　　）。

A. 光圈

B. 快门速度

C. 感光度

D. 白平衡

（3）从半空俯拍海岸线，最佳的拍摄构图思路是（　　　）。

A. 三角形构图

B. 中心点构图

C. 曲线构图

D. 框架式构图

（4）关于景别，下列说法错误的是（　　　）。

A. 远景画面，被摄主体占比较小，画面大部分是环境信息

B. 全景画面，被摄主体完整出现，画面只有少量环境信息

C. 中近景画面，被摄主体只呈现一半左右，画面带有一些环境信息

D. 特写画面，被摄主体只呈现 1% 的信息，画面带有一些环境信息

（5）无人机航拍中较少用到的景别是（　　　）。

A. 特写

B. 中近景

C. 全景

D. 远景

（6）拍摄时为了突出主体的轮廓，最合适的光线种类是（　　　）。

A. 顺光

B. 软光

C. 逆光

D. 侧光

（7）为了避免生硬、缺乏细节，应避免外出拍摄的时段是（　　　）。

A. 上午 8 时

B. 中午 1 时

C. 下午 4 时

D. 傍晚 6 时

（8）"中国手"摇杆模式下，想要无人机向上升高，正确的操控方式是（　　　）。

A. 向上推左杆

B. 向下压左杆

C. 向上推右杆

D. 向下压右杆

（9）"美国手"摇杆模式下，想要无人机向上升高，正确的操控方式是（　　　）。

A. 向上推左杆

B. 向下压左杆

C. 向上推右杆

D. 向下压右杆

（10）想要无人机云台向下方俯瞰，正确的操控方式是（　　　）。

A. 顺时针推左拨轮

B. 逆时针推左拨轮

C. 顺时针推右拨轮

D. 逆时针推右拨轮

2. 多项选择题

（1）为维持原有的曝光量，当快门速度被调快之后，以下操作正确的是（　　　）。

A. 将光圈值调小

B. 将光圈值调大

C. 将感光度调低

D. 将感光度调高

（2）为了增加曝光量，以下操作正确的是（　　　）。

A. 调慢快门速度

B. 调大光圈值

C. 调高感光度

D. 调高白平衡

（3）为维持原有的曝光量，当光圈被调大之后，以下操作正确的是（　　　）。

A. 将快门速度调快

B. 将快门速度调慢

C. 将感光度调低

D. 将感光度调高

（4）从质感的角度划分，光线可分为（　　　）。

A. 冷光

B. 暖光

C. 软光

D. 硬光

（5）"美国手"摇杆模式下，想要无人机向机身左侧移动，可以（　　　）。

A. 向左推左杆

B. 向左推右杆

C. 向左推左杆，然后向上推右杆

D. 向左推左杆，然后向左推右杆

3. 问答题

1. 在手动曝光拍摄时，需要考虑哪些要素？

2. 无人机航拍基础运镜中，确定无人机机头方向才能确保飞行方向准确。当无人机机头方向朝向飞手时，想要无人机往飞手前方更远距离飞去，需要如何打杆？当无人机机头方向分别朝前、左、右方时，需要无人机往飞手位置飞回来，又该如何打杆？

（二）任务实操

1. 任务布置

仔细阅读以下 2 项任务，与小组成员一起制订计划。熟记相关理论知识后进行实

际操作。

（1）每位同学拍摄 10 张航拍照片，要求呈现出构图、光线的不同。

（2）每位同学拍摄 3 段航拍视频，要求呈现出构图、光线、运镜的不同。

任务提示

（1）无人机航拍摄影，需要从被摄主体、曝光设置、光线类型、构图思路、无人机位置、镜头角度等方面综合考虑，同时要注意避免违反法律法规、确保无人机飞行安全等。

（2）无人机航拍摄像，除了考虑（1）提示涉及的要素外，还要考虑无人机的航拍运镜，以及每一种运镜给观者带来的视觉感受。

（3）需要温习无人机安全飞行、正确操作摇杆的相关知识和技能。

2. 结果评价

完成任务后，根据实际情况进行小组自评，并邀请教师进行评价。

3. 总结反思

结合教师的评价，对自己小组任务完成情况进行总结反思，并有针对性地进行理论知识复习和实践练习。

任务三

无人机的智能模式应用

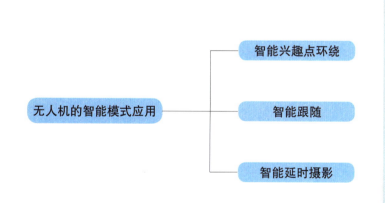

一、导学案例：无人机智能模式应用视频

扫码观看导学案例，并分析讨论。

【分析讨论】

（1）在视频案例中有哪几种航拍轨迹？

（2）无人机智能模式的优点有哪些？

（3）智能跟随模式，无人机拍摄的视频具备哪些特点？

智能兴趣点环绕　　智能跟随　　智能延时摄影

（一）分析视频镜头构成

无人机智能模式生成的镜头，运镜具有明显的规律、轨迹，无人机飞行方向、距离、半径、视点、角度等要素可以根据飞手的需求进行人为设定，拍摄成片也更具可预测性。

（二）分析镜头的稳定性和顺滑度

无人机智能模式生成的镜头，由无人机根据预设指令，按智能程序完成拍摄作业，航拍过程中画面顺滑、平稳，镜头的起落平稳自然，不会出现手动模式的意外颤抖或速度突变等情况。

（三）分析智能模式的优劣

1. 优势

（1）无人机航拍运动轨迹、角度、拍摄效果等可以提前预测；

（2）无人机智能模式运镜平稳、舒缓，成片率高；

（3）无人机智能模式拍摄过程中，飞手仍然可以主动介入，对航拍细节进行微调和控制，兼顾了便利性和灵活性；

（4）无人机智能模式降低作业难度、提高作业效率；

（5）对无人机航拍初学者而言，智能模式易学、友好。

2.劣势

（1）无人机智能模式种类较少，应用场景较少；

（2）无人机智能模式执行作业前及作业过程中，如遇突发情况无法自主应对，需要飞手留意细节。

思考： 在复杂的无人机航拍环境中，你觉得应该用智能模式还是手动模式，为什么？

二、知识解读

无人机智能模式出片效果好、质量稳定，体现了较高的无人机研发水平。对航拍初学者而言，无人机智能模式极大降低了学习难度和减轻了心理压力。无人机航拍常用的智能飞行模式主要有智能兴趣点环绕、智能跟随、智能延时摄影等。

（一）智能兴趣点环绕

兴趣点环绕在无人机航拍业界中俗称"刷锅"，指的是无人机以被摄主体为圆心，360° 环绕飞行，并将镜头始终对着被摄主体进行拍摄的一种航拍模式。一般用于拍摄较大体积的物体，比如一座大山、一幢大楼、一艘水面上的船只等。智能兴趣点环绕模式比手动兴趣点环绕模式简便，只需飞手进行必要的指令设定，然后一键启动，无人机即可按照预先设定的参数自主完成航拍任务。这一智能模式具体操作步骤如下：

智能兴趣点环绕

（1）在屏幕飞行界面中，点击"智能模式"按键，手指在屏幕上触屏框选被摄主体，然后点选"环绕"；

（2）进入"环绕"模式后，根据被摄主体的实际情况和现场环境的判断，对无人机飞行半径、飞行高度、飞行方向（顺时针或逆时针）、飞行速度等参数进行设定；

（3）点击"GO"，一键启动"智能兴趣点环绕"智能拍摄任务，如图3.1所示。

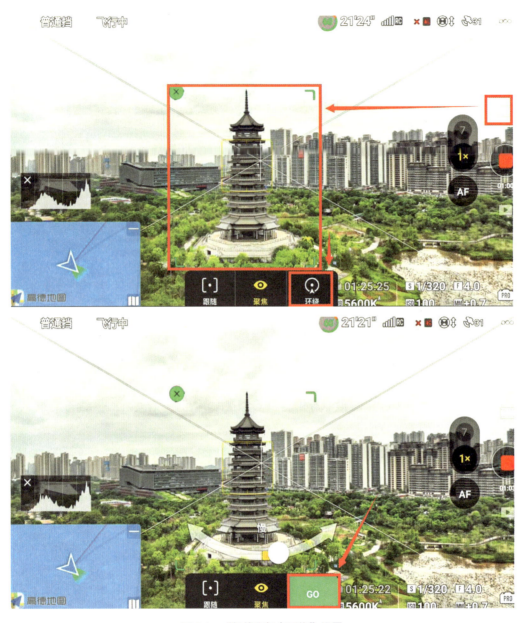

图 3.1 "智能兴趣点环绕"设置

思考：应用智能兴趣点环绕模式进行无人机航拍时，为确保飞行安全，需要考虑哪些问题？

（二）智能跟随

智能跟随，指的是无人机以飞手选定的被摄主体为跟随对象，在被摄主体移动的过程中，无人机的镜头始终识别、跟随被摄主体并持续对焦、拍摄。在应用这一智能模式拍摄时，如果被摄主体移动基本保持直线、匀速，被摄主体上空没有电线或树枝等障碍物，则能确保无人机处在最安全的航拍作业状态。智能跟随一般用于上空环境没有障碍物的情况下，对地面辨识度较高的被摄目标对象进行持续跟踪拍摄。这一智能模式的具体操作步骤如下：

智能跟随

（1）在屏幕飞行界面中，点击"智能模式"按键，手指在屏幕上触屏框选被摄主体，然后点选"跟随"；

（2）进入"跟随"模式后，点选"追踪"或"平行"，以确定无人机动态跟随的方式；

（3）点击"GO"，一键启动"智能跟随"智能拍摄任务，如图 3.2 所示。

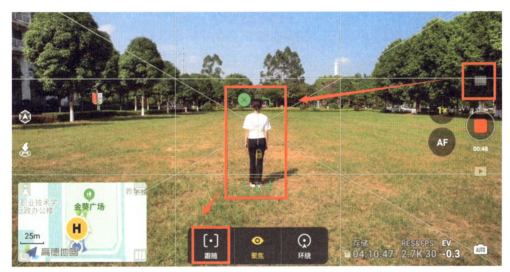

图 3.2　"智能跟随"设置

思考：智能跟随模式分为追踪跟随和平行跟随两种方式，前者指的是无人机在被摄主体的正前方或正后方跟随，后者指的是无人机在被摄主体的侧面以平行的轨迹进行跟随。请分析，哪一种跟随模式风险较大，为什么？

（三）智能延时摄影

智能延时摄影，指的是无人机在一段时间内，按照设定的频率拍摄多张照片，并自动合成一段延时视频。延时摄影是一种常见的拍摄手法，所呈现的画面中所有运动物体快速移动，与静止物体形成鲜明对比，给人一种时间飞逝的奇妙感觉。智能延时摄影根据拍摄要求不同，分为四种模式：自由延时、环绕延时、定向延时、轨迹延时。自由延时指的是飞手不需要提前设定延时拍摄的结束时

智能延时摄影

间，可灵活决定何时结束延时拍摄；环绕延时指的是无人机飞行轨迹呈圆形进行延时拍摄；定向延时指的是无人机按照飞手指定的方向飞行并进行延时拍摄；轨迹延时指的是无人机按照飞手划定的路线轨迹（非直线、非单一方向）进行延时拍摄。不管使用哪种模式，都需要在执行智能延时摄影前特别注意当前电池的剩余电量，避免无人机或遥控器电池电量在摄影期间耗尽，发生安全事故。延时摄影一般用于拍摄某一时间段内的高速动态影像，呈现特殊的视觉艺术效果。这一智能模式的具体操作步骤如下：

（1）在屏幕飞行界面中，点击"智能模式"按键，在弹出的界面中点选"延时摄影"；

（2）进入"延时摄影"模式后，根据需要，手指在屏幕界面中点选"定向延时""轨迹延时""环绕延时""自由延时"中的一个类别；

（3）对延时摄影的拍摄间隔时间、预期视频时长、无人机飞行速度等参数进行具体设置；

（4）点击红色的拍摄键，启动"智能延时摄影"智能拍摄任务，如图3.3所示。

图 3.3 "智能延时摄影"设置

思考：智能延时摄影比较耗时，在使用该智能模式时需要特别考虑哪些问题？

三、课后练习

（一）理论巩固

1. 单项选择题

（1）智能兴趣点环绕拍摄过程中，无人机镜头始终朝向（　　）。

A. 航线前方

B. 被摄主体

C. 飞手方向

D. 机身左侧 / 右侧

（2）智能跟随拍摄过程中，为确保安全，最好启用（　　）设置。

A. 智能返航

B. 自动曝光

C. 自动对焦

D. 智能避障

（3）智能延时摄影拍摄过程中，为确保安全，一定要留意（　　）。

A. 曝光参数

B. 构图思路

C. 电池余量

D. 拍摄频率

（4）在宽敞的马路上拍摄行进中的汽车，应该选择（　　）拍摄模式。

A. 智能跟随

B. 智能兴趣点环绕

C. 智能延时摄影

D. 一键成片

（5）为企业拍摄新建成的宏伟办公大楼，应该选择（　　）拍摄模式。

A. 智能跟随

B. 智能兴趣点环绕

C. 智能延时摄影

D. 一键成片

（6）为展现时间流逝，应在车流密集的地方选择（　　　）拍摄模式。

A. 智能跟随

B. 智能兴趣点环绕

C. 智能延时摄影

D. 一键成片

（7）智能延时摄影最佳的拍摄时段是（　　　）。

A. 上午 8 时

B. 中午 1 时

C. 下午 4 时

D. 傍晚 7 时

（8）智能兴趣点环绕拍摄时，无人机应距离被摄主体至少（　　　）。

A. 1 米

B. 5 米

C. 10 米

D. 50 米

（9）下列适合使用智能跟随拍摄的是（　　　）。

A. 郊外公路上的行人

B. 市区公路上的汽车

C. 广场上跳舞的人群

D. 穿越树林的飞鸟

（10）下列适合使用智能兴趣点环绕拍摄的是（　　　）。

A. CBD 商业集群中的某一栋大楼

B. 在马路上行驶的汽车

C. 跨过江面的大桥

D. 城市广场上的某个人

2. 多项选择题

（1）智能兴趣点环绕拍摄中，需要注意的安全问题包括（　　　）。

A. 无人机与被摄主体的半径距离

B. 无人机航线周边障碍物

C. 无人机的飞行速度设置

D. 无人机的曝光设置

（2）智能跟随模式，可以再细分为（　　　）。

A. 追踪跟随

B. 平行跟随

C. 同向跟随

D. 上空跟随

（3）智能延时摄影模式，可以再细分为（　　　）。

A. 自由延时

B. 环绕延时

C. 定向延时

D. 轨迹延时

（4）智能兴趣点环绕拍摄设置时，可以根据需要设置无人机（　　　）。

A. 顺时针环绕

B. 逆时针环绕

C. 渐高环绕

D. 渐远环绕

（5）智能延时摄影设置时，可以根据需要设置（　　　）。

A. 所需电池电量

B. 无人机航线轨迹

C. 最终视频时长

D. 拍摄间隔时间

3. 问答题

（1）在进行无人机智能跟随拍摄时，需要考虑哪些细节？

（2）在进行无人机智能延时摄影时，需要考虑哪些细节？

（二）任务实操

1. 任务布置

仔细阅读以下 3 项任务，与小组成员一起制订计划。熟记相关理论知识后进行实际操作。

（1）以本地一处标志性景观为拍摄对象，完成一段智能兴趣点环绕航拍视频。

（2）运用"智能跟随"模式，拍摄一段自己在路面上骑自行车或跑步的航拍视频，时长不少于 10 秒。

（3）运用"延时摄影"模式，拍摄一段华灯初上时的车流视频，时长不少于 10 秒。

任务提示

（1）做无人机航拍计划时，要对预选的航拍地点进行禁飞查询与确认，避免违反当地法律法规。

（2）因为是无人机智能飞行，所以需要踩点、考察无人机飞行航线并做航线规划。尤其需要注意高楼大厦给无人机飞行带来的碰撞风险，以及对无人机与遥控器之间的信号干扰，将安全放在第一位。

（3）需要对用到的智能飞行模式进行复习与巩固，达到熟练运用，尤其是要熟悉各航拍模式的流程设置、参数设置。复习提高阶段，建议选择比较空旷、安全的场地进行无人机航拍练习。

（4）无人机航拍过程中，还需要注重对光线、构图的处理。

2. 结果评价

完成任务后，根据实际情况进行小组自评，并邀请教师进行评价。

3. 总结反思

结合教师的评价，对自己小组任务完成情况进行总结反思，并有针对性地进行理论知识复习和实践练习。

任务四 / 无人机的多维度运镜

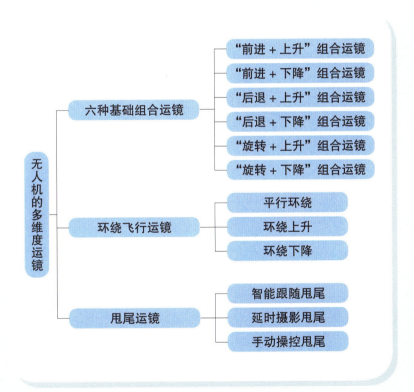

无人机的多维度运镜
- 六种基础组合运镜
  - "前进 + 上升"组合运镜
  - "前进 + 下降"组合运镜
  - "后退 + 上升"组合运镜
  - "后退 + 下降"组合运镜
  - "旋转 + 上升"组合运镜
  - "旋转 + 下降"组合运镜
- 环绕飞行运镜
  - 平行环绕
  - 环绕上升
  - 环绕下降
- 甩尾运镜
  - 智能跟随甩尾
  - 延时摄影甩尾
  - 手动操控甩尾

一、导学案例：广西南宁市五象塔航拍短片

扫码观看导学案例，并分析讨论。

【讨论分析】

（1）在案例视频中，无人机分别从哪些角度对五象塔进行拍摄？

（2）在从这些角度进行拍摄时，无人机的运动轨迹是怎样的？

（3）在航拍过程中，如何操控无人机的摇杆和云台才能确保画面流畅？

广西南宁市五象塔航拍短片

无人机的多维度运镜，是指通过操控无人机的飞行轨迹和云台视角变化来拍摄不同角度、不同视野的画面，从而实现场景、主体或事件的全面、多角度的记录和呈现。它不仅仅是简单的飞行和拍摄的结合，更是一种艺术性的创作过程，被广泛应用于电影、电视、广告、新闻、旅游等领域。在实际应用中，要实现无人机多维度运镜，就要充分考虑无人机的航线轨迹和运镜方式，并熟悉掌握无人机的打杆操作技巧。

（一）无人机航线轨迹分析

在进行航拍前，一般要进行航拍路线规划，充分考虑地理环境、航程、飞行高度和速度、被摄主体以及拍摄需求等因素，选择一条最优的路线进行飞行，以便在有限的续航内高效完成航拍任务。在案例视频中，被摄主体是位于城市公园内的一座塔，为了呈现塔雄伟壮观的视觉效果，无人机可先直线匀速飞行至塔前面，拍摄塔的局部特写，接着围绕塔逆时针环绕上升飞行，展现塔的高大耸立。随后，无人机俯拍塔全貌，再围着塔环绕下降飞行，下降至中间时，无人机后退飞行，逐渐远离塔。

思考：假如在城市中的复杂场景进行无人机航拍，航线规划时应该考虑哪些因素？

（二）无人机运镜方式分析

地面拍摄有推、拉、摇、移、甩等基本的运镜方式，这几种基本方式相互组合，就可以得到很多种运镜方式。而无人机航拍运镜，则是通过操纵左右摇杆和云台拨轮，分别控制无人机飞行方式和镜头俯仰角度，两者相互组合，就可以得到各种不同的运镜方式。不同的运镜方式，可让画面呈现出不同的视觉效果，表达场景中不同的情绪。

案例视频中采用了多种组合运镜，让航拍画面更加生动有趣。比如视频开篇使用直线前进平视运镜，无人机直线前进飞行，慢慢靠近塔，镜头平视拍摄，这种运镜方式相当于电影中的前推镜头，逐渐引出被摄主体或突出主体形象。视频中间，无人机围绕塔环绕上升，在这个过程中随着飞行高度的变化，不断调整镜头的俯仰角度，这种运镜方式可以让镜头随着无人机的飞行而移动，呈现出不同飞行高度和角度下不同的视觉效果。在视频最后，无人机缓慢后退，同时镜头角度由俯视逐步调整为平视，画面中塔由局部呈现到全景呈现，这种运镜方式相当于电影中的后拉镜头，被摄主体逐渐远离，也预示着视频的结束。

思考：如果使用无人机对城市中的一幢地标性高楼进行拍摄，要求呈现大楼的雄伟、壮观，应该如何规划无人机的飞行航线？

（三）无人机的打杆组合分析

无人机的飞行主要靠左右摇杆控制，在"美国手"摇杆模式下，左杆操控无人机的上升、下降、左转、右转；右杆操控无人机的前进、后退、左侧平移、右侧平移。单一的打杆操作，无人机只能进行单一路线的飞行，而当需要进行一些复杂路线飞行以获得更有视觉冲击力的画面时，就需要左右手配合，同时进行左右杆操作。比如，要让无人机直线飞行时，左手不动，只需要右手上推杆即可；要让无人机逆时针环绕塔飞行，左手往 9 点钟方向打杆，同时右手往 3 点钟方向打杆即可；这时左杆由 9 点钟方向调整为 10 点钟方向，右杆保持 3 点钟方向不变，无人机就会一边环绕塔一边上升高度，这就是环绕上升的打杆组合。在进行无人机航拍时，要熟练掌握无人机的左右杆和云台的操控，平稳地控制无人机的飞行速度、飞行高度和拍摄角度，才能有效完成设定的航拍运镜，从而获得平稳的航拍效果。

二、知识解读

（一）六种基础组合运镜及操作方法

1. "前进＋上升"组合运镜

无人机先以较低的高度向前飞行，随后在飞行过程中逐渐拉升高度，同时调整云台角度，由俯拍逐渐向上抬起，使视觉画面从受局限的俯视过渡到开阔的视角。这种运镜方式可以使更多的前景逐渐出现在观众面前，给人一种豁然开朗的感觉，常用于一段视频的开场。

操作方法：如图4.1所示，右手向上推右杆控制无人机向前飞行，左手同时向上推左杆控制其上升，同时左手顺时针方向轻轻拨动云台拨轮，使镜头缓慢朝上转动，直到平视角度。

图 4.1　无人机"前进＋上升"组合运镜操作方法

"前进＋上升"
组合运镜

2. "前进＋下降"组合运镜

无人机以一定的高度向前飞行，随后逐渐下降高度，并且向下调整云台相机镜头，使被摄主体由远及近、由小及大地呈现于观众眼前，给人一种坠入被摄主体所处环境的感觉。

操作方法：如图4.2所示，右手向上推右杆控制无人机向前飞行，左手向下推左杆控制无人机下降，同时左手逆时针方向轻轻拨动云台拨轮，使镜头缓慢朝下转动，始终保持被摄主体在视觉画面中心。

"前进+下降"
组合运镜

图 4.2　无人机"前进+下降"组合运镜操作方法

3."后退+上升"组合运镜

无人机向后飞行的同时拉升飞行高度，使被摄主体逐渐远离，展现出更广阔的背景画面。这种运镜方式使画面产生由近及远的变化，逐渐呈现大场景的宽度和高度，给人一种纵观全局的观看感和结束淡出的抽离感，常用于一段视频的结尾。

操作方法：如图 4.3 所示，右手向下打右杆控制无人机后退，左手向上推左杆控制无人机上升，同时左手操作云台拨轮，使镜头的中心始终锁定被摄主体或聚焦于某个中心点。

"后退+上升"
组合运镜

图 4.3　无人机"后退+上升"组合运镜操作方法

4."后退+下降"组合运镜

无人机在一定的高度向后飞行的同时逐渐下降高度，使画面中的被摄主体逐渐远离，镜头视角由高空俯视逐渐变为低空平视。这种运镜方式适合由局部到整体的环境交代，有一种结束回归的观感，常用于视频结束，作为片尾镜头。

操作方法：如图 4.4 所示，右手向下打右杆控制无人机后退，左手向下打左杆控

制无人机下降，同时左手顺时针方向轻轻拨动云台拨轮，使镜头缓慢朝上转动，直到平视角度。

图 4.4　无人机"后退 + 下降"组合运镜操作方法

"后退 + 下降"
组合运镜

5. "旋转 + 上升"组合运镜

无人机一边上升，一边 360° 旋转，同时云台保持垂直 90° 向下，画面会呈现出由局部到全景逐渐升高的视觉变化。这种运镜方式可以充分展现环境的上下立体空间感。

操作方法：（以逆时针方向旋转为例）将云台镜头调整至垂直 90° 向下，并始终保持这个角度。左手往大概 10 点钟方向打左杆（见图 4.5），就可实现无人机的旋转上升。

图 4.5　无人机"逆时针旋转 + 上升"组合运镜操作方法

"旋转 + 上升"
组合运镜

6. "旋转 + 下降"组合运镜

无人机从一定高度缓缓下降，同时进行 360° 旋转，云台镜头保持垂直 90° 向下，画面由大全景逐步拉近，呈现更多细节，并通过画面的旋转引导观众视线始终聚焦被摄主体中心。这种运镜方式同样可以给人一种炫酷的视觉冲击。

操作方法：如图 4.6 所示，以逆时针方向旋转为例，拨动左肩转轮，将云台镜头调整至垂直 90° 向下，并始终保持这个角度。左手往大概 8 点钟方向打左杆，就可实现无人机的旋转下降。

图 4.6　无人机"逆时针旋转 + 下降"组合运镜操作方法

"旋转 + 下降"
组合运镜

　　思考：用无人机航拍一条河流，并展示出河流蜿蜒向前奔流的场景，可以采用哪些组合运镜进行拍摄？

（二）环绕飞行运镜及操作方法

　　环绕飞行，俗称"刷锅"，是航拍中一种重要的运镜方法，指通过手动操作使镜头始终对着被摄主体、以一定距离做弧形或圆周轨迹的运动拍摄。环绕运镜让画面更具空间感和视觉张力，适合全方位多角度刻画被摄主体。在任务三中介绍了智能兴趣点环绕模式，但这种智能模式有局限性，进行环绕时无人机的高度必须高于环绕目标主体，否则无法实施环绕。因此，在一些航拍场景中，比如环绕拍摄一幢高楼、一座高塔时，需要进行手动"刷锅"。下面介绍几种常用的手动环绕飞行运镜方法。

　　无人机所有的环绕飞行，都分为顺时针环绕和逆时针环绕。顺时针环绕的打杆方法为左杆往右打的同时，右杆往左打；逆时针环绕的打杆方法为左杆往左打的同时，右杆往右打。

1. 平行环绕

　　平行环绕的飞行原理和兴趣点环绕的一样，都是以一个被摄主体为中心点，无人机围绕中心点进行 360° 等距飞行，飞行高度保持不变，镜头始终对准被摄主体中心点。这种运镜方式可以突出被摄主体与周围环境的关系，形成动与静的对比。智能兴趣点环绕模式是提前设置好的智能模式，飞行过程中不需要飞手进行任何打杆操作，而平行环绕是手动"刷锅"，需要飞手进行打杆操作，环绕效果的好坏和飞手的操作

水平有很大关系。

操作方法：选择适合的飞行高度和半径（一般要大于 5 米）后，左手和右手同时向外侧（左杆往 9 点钟方向和右杆往 3 点钟方向）打杆，无人机就会逆时针平行环绕；如果左手和右手同时往内（左杆往 3 点钟方向和右杆往 9 点钟方向）打杆，无人机则顺时针平行环绕，如图 4.7 所示。

图 4.7　无人机顺时针平行环绕运镜操作方法　　　　平行环绕运镜

2. 环绕上升

环绕上升是在平行环绕的基础上增加上升的动作，即一边环绕飞行一边拉升无人机高度，使无人机围绕着被摄主体盘旋上升。在环绕上升运镜中，飞手根据高度的变化情况灵活改变镜头角度，通常由仰视慢慢调整到平视再到俯视。这种运镜方式通过飞行高度和镜头角度的不断变化突出被摄主体的高大耸立，主要用于拍摄高楼、高塔等建筑或其他高大柱形物体。

操作方法：以逆时针环绕上升为例，无人机从相对被摄主体的低位起飞后，确定适合的环绕半径（一般要大于 5 米）。左手向 10 点钟方向打左杆，右手向 3 点钟方向打右杆（见图 4.8），这时无人机就会围绕着被摄主体逆时针缓慢环绕上升飞行。左手同时操控云台，使镜头由朝上缓慢转为朝下。

图 4.8　无人机逆时针环绕上升运镜操作方法　　　　环绕上升运镜

3. 环绕下降

环绕下降是在平行环绕的基础上增加下降的动作，使无人机围绕着被摄主体螺旋下降并且镜头始终对着被摄主体。这种运镜方式可以使主体形象更立体生动，营造出一种渐进和突出的画面感。

操作方法：以逆时针环绕下降为例，控制无人机飞到被摄主体的上方，使镜头垂直向下。如图 4.9 所示，左手向 7 点钟方向打左杆，控制无人机旋转下降，同时右手向 3 点钟方向轻微打右杆，使无人机保持旋转下降的同时逆时针环绕。左手同时操控云台，使镜头由朝下缓慢转为朝上。飞行过程中要注意杆量，保持匀速飞行，避免撞到被摄主体。

图 4.9　逆时针环绕下降运镜操作方法

环绕下降运镜

思考：要进行顺时针环绕上升运镜，应该如何分别操作无人机的左右杆？

（三）甩尾运镜及操作方法

无人机甩尾运镜是一种常见的航拍运镜手法，是指无人机在飞行过程中，通过控制无人机的姿态和运动轨迹，使其在空中完成 180° 调头转向运镜拍摄。在这个过程中，无人机镜头始终对着被摄主体。

甩尾运镜

常见的甩尾运镜方式有三种，分别是智能跟随方式、延时摄影方式和手动操作方式。

1. 智能跟随甩尾运镜操作方法

第一步：控制无人机飞到与被摄主体距离合适处，注意此时无人机应高于被摄主体；

第二步：选择"智能跟随"模式里的"锁定"功能；

第三步：框选想要甩尾拍摄的被摄主体；

第四步：点击"GO"开始拍摄；

第五步：右手保持向上打右杆，使无人机匀速向目标物飞行。在飞行过程中，无人机的镜头会始终朝向并锁定被摄主体，无人机即将到达被摄主体正上方时，右手缓慢、匀速转为向下打右杆，直到无人机完成环绕旋转 180° 拍摄并倒飞拉远，即完成甩尾拍摄。

这种方式全程只需右手打杆即可完成拍摄。如果拍摄过程中飞行速度较慢，可以通过后期视频加速，使甩尾视频画面更加炫酷。

2. 延时摄影甩尾运镜操作方法

第一步：控制无人机飞到与被摄主体距离合适处，注意此时无人机应高于被摄主体；

第二步：选择"延时摄影"模式里的"定向延时"模式；

第三步：确定无人机的飞行方向后，框选被摄主体，并点击"锁定航向"；

第四步：设置好拍摄间隔时间、视频时长、飞行速率以及画面参数等；

第五步：点击"GO"开始拍摄，无人机便会自动进行甩尾拍摄。注意在无人机飞行拍摄期间，不要进行任何打杆操作，耐心等待无人机拍摄结束即可。

3. 手动操控甩尾运镜操作方法

第一步：控制无人机飞到与被摄主体距离合适处，注意此时无人机应高于被摄主体。

第二步：将右杆朝 12 点钟方向缓推，使无人机匀速直线飞向被摄主体，同时逆时针匀速转动云台拨轮实现云台镜头缓慢下俯，确保被摄主体始终处于画面中央。

第三步：当无人机即将到达被摄主体正上方时（此时云台镜头正好垂直俯视被摄主体），将左杆匀速推向 3 点钟方向，同时将右杆匀速推向 9 点钟方向（或将左杆匀速推向 9 点钟方向，同时将右杆匀速推向 3 点钟方向），使无人机一边拍摄被摄主体一边沿着弧线飞行。

第四步：在无人机即将绕过被摄主体时，将右杆缓缓推向 5 点钟方向，同时将左杆缓缓放松，使无人机绕过被摄主体。

第五步：当无人机完全绕过被摄主体时，将右杆缓缓推向 6 点钟方向，此时左杆完全回到原点位置，同时顺时针匀速转动云台拨轮以确保被摄主体始终处于画面中央，完成无人机的 180° 转向。

第六步：将右杆持续推向 6 点钟方向，使无人机倒飞拉远，逐渐远离被摄主体，甩尾拍摄完成。

手动操控甩尾拍摄需要飞手具备熟练的飞行技巧和丰富的经验，做到六个步骤一气呵成，才能完成流畅的甩尾拍摄。新手刚开始练习甩尾拍摄时，可将这六个步骤拆解，降低飞行速度逐一练习，待熟练后再尝试完成甩尾拍摄。

三、课后练习

（一）理论巩固

1. 单项选择题

（1）无人机航拍中，航线规划是指（　　　　）。

A. 无人机的飞行速度规划

B. 无人机的起飞和降落规划

C. 拍摄路线的预先设计

D. 无人机的电池充电规划

（2）在焦距不变的情况下，当需要拍摄目标在视频画面中逐渐变大时，无人机的运动轨迹应该是（　　　　）。

A. 围着拍摄目标环绕上升

B. 围着拍摄目标环绕下降

C. 正对拍摄目标向前飞行

D. 正对拍摄目标后退飞行

（3）向前直线爬升拍摄的操作是（　　　　）。

A. 向前推左杆，同时向上拨云台

B. 向前推右杆，同时向下拨云台

C. 向前推右杆，同时向后推左杆

D. 向前推左杆，同时向前推右杆

（4）顺时针环绕飞行的操作方法是（　　　　）。

A. 向左打左杆，向左打右杆

B. 向左打左杆，向右打右杆

C. 向右打左杆，向左打右杆

D. 向右打左杆，向右打右杆

（5）要使航拍画面产生由近及远的变化，可以采用"（　　）"组合运镜方式。

A. 前进 + 下降

B. 前进 + 上升

C. 后退 + 上升

D. 旋转 + 下降

（6）要使拍摄目标形象更为立体生动，并营造出一种渐进和突出的画面感，可以采用（　　）运镜方式。

A. 平行环绕

B. 环绕上升

C. 环绕下降

D. 前进上升

（7）关于无人机航拍中环绕运镜的描述，错误的是（　　）。

A. 俗称"刷锅"

B. 要根据目标和场景选择合适的高度与环绕半径

C. 可在环绕时改变无人机的高度、与拍摄目标的距离

D. 不可改变相机的角度

（8）要使视觉画面从受局限的俯视过渡到开阔的视角，应该采用以下哪个组合运镜？（　　）

A. "前进 + 上升"组合运镜

B. "前进 + 下降"组合运镜

C. "后退 + 上升"组合运镜

D. "后退 + 下降"组合运镜

（9）常用在视频片尾，作为结束镜头的运镜是（　　）。

A. "旋转 + 下降"组合运镜

B. "旋转 + 上升"组合运镜

C. "后退 + 下降"组合运镜

D. "后退 + 上升"组合运镜

（10）进行延时摄影甩尾操作时，应该在"延时摄影"模式中选择（　　）模式。

A. 自由延时

B. 定向延时

C. 环绕延时

D. 轨迹延时

2. 多项选择题

（1）影响无人机航拍运镜的因素包括（　　）。

A. 飞行高度

B. 飞行速度

C. 云台角度

D. 云台焦距

（2）进行无人机航拍航线规划时，要充分考虑（　　）等因素。

A. 地理环境

B. 飞行高度和速度

C. 飞行航程

D. 被摄主体的情况和拍摄需求

（3）无人机航拍中常用的运镜技巧包括（　　）。

A. 升降

B. 平移

C. 旋转

D. 环绕

（4）无人机航拍中，关于顺时针环绕上升运镜，正确的是（　　）。

A. 左手向 10 点钟方向打杆，右手向 3 点钟方向打杆

B. 左手向 2 点钟方向打杆，右手向 3 点钟方向打杆

C. 打杆的同时向左拨动云台，使云台角度逐渐变大

D. 打杆的同时向右拨动云台，使云台角度逐渐变小

（5）关于无人机航拍中甩尾运镜说法正确的是（　　）。

A. 甩尾运镜一般是通过控制无人机的姿态和运动轨迹，使其在空中完成 90°调头转向运镜拍摄

B. 常用的甩尾运镜方式包括智能跟随方式、延时摄影方式和手段操作方式

C. 在操作过程中，无人机镜头始终朝向并锁定被摄主体

D. 在操作过程中，要先控制无人机飞到与目标物距离合适处，并且无人机应高于被摄主体

3. 问答题

（1）简述无人机航拍中升降运镜的作用及其适用场景。

（2）无人机环绕运镜拍摄时需要注意哪些事项？

（二）任务实操

1.任务布置

仔细阅读以下2项任务，与小组成员一起制订计划。熟记相关理论知识后进行实际操作，并填写相关表格。

（1）使用无人机拍摄一幢大楼，分别从不同视角进行拍摄，呈现大楼的全貌和细节，思考应该拍摄哪些内容、如何进行航线规划、需要掌握哪些操作要点。

（2）选择一幢楼或一座塔为拍摄目标，完成一个包含多维度运镜的航拍视频作品，航拍作品须呈现拉升、环绕、甩尾等至少三种运镜方式。

任务提示

无人机航拍运镜，涉及飞行技巧、飞行航线、云台角度之间的相互配合，需要飞手充分掌握基础飞行技巧、了解基础运镜方式，通过不同的运镜来呈现不同的镜头语言，完成不同需求的航拍任务。

2.结果评价

完成任务后，根据实际情况进行小组自评，并邀请教师进行评价。

3.总结反思

结合教师的评价，对自己小组任务完成情况进行总结反思，并有针对性地进行理论复习和实践练习。

任务五

无人机的创意航拍技巧

无人机的创意航拍技巧

- 希区柯克变焦航拍及技术要点
- "旱地拔葱" 航拍及技术要点
- 日转夜延时航拍及技术要点

一、导学案例：希区柯克变焦、"旱地拔葱"、日转夜延时航拍视频

扫码观看导学案例，并分析讨论。

【分析讨论】

（1）在第一个案例视频中，被摄主体的大小是否有变化？

（2）在第二个案例视频中，飞手、无人机、被摄主体三者之间的位置关系是什么样的？

（3）在第三个案例视频中，航拍的角度是否有变化？

| 希区柯克变焦航拍视频 | "旱地拔葱"航拍视频 | 日转夜延时航拍视频 |

无人机创意航拍不仅是熟练掌握无人机飞行技术的充分体现，更是一种对视觉艺术的深度挖掘和创新表达。它要求飞手在理解拍摄对象的基础上，运用独特的视角和创新的拍摄技巧，呈现出别具一格的视觉画面。

（一）无人机运动轨迹分析

很多新手在进行无人机航拍时，往往是先将无人机飞起来，再考虑无人机要往哪里飞、怎么飞，导致无人机在空中浪费许多宝贵的电量，甚至很可能由于飞行路线混乱导致拍出来的素材无法使用。因此，在飞行前要先观察拍摄环境，确定被摄主体，拟好基本构图以及规划好飞行航线，避免无效飞行。在三个案例视频中，无人机的运动轨迹看似复杂，其实都是由一个个基础飞行路线组成的。第一个案例视频中，无人机的运动轨迹是直线向前或向后飞行，高度不变，水平距离变化；第二个案例视频中，无人机的运动轨迹基本是上升飞行，高度变化，水平距离不变；第三个案例视频中，无人机的运动轨迹是沿着提前设定好的航线飞行，拍摄多段相同轨迹、不同时间的视频。

（二）无人机镜头运动方式分析

在进行航拍时，无人机的灵活飞行和镜头焦距的精细调整，共同协作可以拍摄出不同景别的画面；调整云台的俯仰角度，还可以拍出俯拍、扣拍（镜头竖直向下拍摄）、仰拍等画面，使画面发生丰富的视觉层次变化，增加视频的创意性和趣味性。第一个案例中，通过调整无人机镜头的焦距和与被摄主体之间的距离，保持被摄主体在画面中的大小不变。第二个案例视频中，通过调整无人机的飞行高度和镜头俯仰角度，使被摄主体以一种流畅的方式逐渐进入画面。

（三）无人机操控手法分析

想要拍出一段流畅、稳定的航拍视频，飞手需要能够熟练操控无人机的飞行方向、速度、高度和镜头的角度。在案例视频中，我们可以看到整体画面非常流畅、平稳，画面衔接自然、连贯，多种运镜综合运用，呈现出令人震撼的视觉效果，说明飞手对无人机的操控非常娴熟，对镜头构图及画面呈现有一定的审美和理解。作为新手，可以通过以下几个方法进行无人机操作练习：

（1）稳定方向。在航拍飞行时，尽可能保证飞行方向稳定，让无人机平稳地按照预设的运动方向飞行，不要随意改变飞行方向，这样拍摄的画面才会连贯流畅。完成一条航线的拍摄，再转向其他航线，这样才能为后期提供更多优质素材。

（2）控制杆量。在航拍飞行时，要注意控制杆量，保持无人机匀速飞行或均匀加速/减速，尤其是在控制无人机转向时，要轻轻推动转向杆，使无人机缓慢调整飞行方向，避免大幅度打杆或突然打杆，否则画面会出现跳帧或突然转向而显得突兀。

（3）轻调云台。在航拍飞行时，云台的俯仰角度决定了拍摄视角，因此调整时要缓慢轻柔，避免出现画面突兀的定格或卡顿的现象，导致整体视频缺乏流畅性，产生违和感。

思考：要使无人机航拍画面发生视觉层次的变化，可以通过哪些操作实现？

二、知识解读

（一）希区柯克变焦航拍及技术要点

希区柯克变焦也称为滑动变焦，是一种同时改变拍摄距离和焦距的技巧，其特点是保持画面中的主体大小不变，而改变背景大小，使画面具有强烈的空间压缩感和较

强的视觉表现力。想要实现希区柯克变焦效果，需要选择具有变焦功能的无人机。

希区柯克变焦
航拍视频

技术要点：

（1）选择合适的拍摄对象和拍摄区域。确定被摄主体后，先将无人机飞到合适的高度，保证无人机后面 500 米直线范围内无障碍物。确定拍摄构图后，将无人机和被摄物体之间的距离调整到合适的范围。

（2）选择合适的飞行模式。以大疆无人机为例，飞行挡位一般选择运动挡，这样无人机有较快的飞行速度，在进行拍摄时可以快速前进或后退，快速改变背景画面的大小。

（3）运镜拍摄。控制无人机飞向被摄主体，并使被摄主体处于画面中间且占据的画面面积超过二分之一。开始拍摄时，右手向下打杆，让无人机正对被摄主体并快速直线后退，同时左手按住 Fn 键并逆时针拨动云台拨轮，放大变焦，使被摄主体在画面中始终保持大小不变，这样即可得到背景放大、被摄主体大小不变的滑动变焦效果。这种变焦效果给人一种空间压缩的视觉感受。除了背景放大的效果，希区柯克变焦也能实现背景缩小的效果，其操作方法与上述相反。先将无人机飞到距离被摄主体较远的位置，通过调整焦距使被摄主体处于画面中间并且占据二分之一以上的画面。开始拍摄时，右手向上打杆，让无人机快速直线前进，同时左手按住 Fn 键并顺时针拨动云台拨轮，缩小变焦，使被摄主体在画面中始终保持大小不变。这种被摄主体大小不变、背景缩小的滑动变焦方式，能突出被摄主体，使观众的视觉注意力集中于画面中心的被摄主体。

思考： 无人机希区柯克变焦航拍与摄像机希区柯克变焦拍摄，在技术方面有什么不同？

（二）"旱地拔葱"航拍及技术要点

"旱地拔葱"是一种形象比喻，指无人机航拍时逐渐上升高度，画面中主体物的背后出现垂直向上耸立的建筑或物体，比如高楼、高塔、高山等，就像拔地而起的"大葱"一样，给人一种震撼的视觉效果。想要通过无人机拍摄"旱地拔葱"效果的视频，首先要选择可以变焦的无人机。镜头变焦倍数越高，越能拍出视觉强烈的"拔葱"效果。

"旱地拔葱"
航拍视频

技术要点：

（1）寻找合适的拍摄环境。如图5.1所示，拍摄"旱地拔葱"视频时，"葱""旱地"和无人机三者要保持在同一直线上，但不能在同一水平高度，并且这三者之间最好保持300米以上的距离，才能拍摄出"葱"拔地而起的效果。因此，合适的环境尤为重要。

 远处的山（被摄主体，"葱"）

近处的高楼（遮挡物，"旱地"）

无人机

图5.1　"旱地拔葱"机位示意图

（2）设置拍摄参数。进入飞行界面，选择变焦，调整合适的距离和焦段，焦段数值越高，"旱地"与"葱"的空间距离越挤压，"拔葱"效果越强烈。

（3）运镜拍摄。首先将无人机飞到作为"旱地"的物体后面，降低飞行高度，使"旱地"遮挡住其背后的"大葱"。确定好"葱""旱地"和无人机三者的位置后，左手向上打杆控制无人机上升，在上升过程中同时调整云台角度，使镜头始终锁定在被摄主体上，让"旱地"作为"葱"的遮挡物，保持"旱地"大小不变、位置不变，直到"旱地"背后的"大葱"拔地而起出现在画面中，即完成拍摄。

（三）日转夜延时航拍及技术要点

日转夜延时航拍，是指通过延时拍摄技术，记录从白天到黑夜过渡的影像。在拍摄过程中，需要使用无人机在不同时段进行同一轨迹的延时拍摄，再将多个片段通过

软件进行后期处理，拼接制作成完整的视频，呈现出日夜交替、时光流转的效果。在进行日转夜延时拍摄时，需要提前勘景，寻找一些光线变化较明显的区域，例如车水马龙的城市街景，然后进行航线规划，并选择合适的拍摄时间。

日转夜延时航拍视频

技术要点：

（1）航线规划：提前到达拍摄点，确认飞行环境，通过无人机"轨迹延时"功能，确定飞行航线。

具体操作：把无人机飞到轨迹延时开始的位置，设为1；将无人机飞到航线中间位置，设为2；将无人机飞到轨迹延时结束的位置，设为3（如果希望无人机飞出更为复杂的线路，可以设置更多的途径点）；设置拍摄的间隔时间和延时视频的总时长；点击"开始"，让无人机按照设定航线进行自动延时航拍；将该飞行轨迹记录下来，保存为"日转夜任务"。

（2）拍摄视频：使用"轨迹延时"功能，在"轨迹延时任务库"中找到"日转夜任务"轨迹，在白天和夜晚分别拍摄多段延时视频作为素材。

（3）后期制作（知识点详见任务六）：使用软件 Adobe Premiere（以下简称 Pr）对视频进行处理，如图5.2所示。把视频素材导入 Pr 后，将白天视频的后半段与夜晚视频的前半段重叠，交叉溶解，使日与夜的视频完美融合，即可得到一段精彩的日转夜延时航拍作品了。

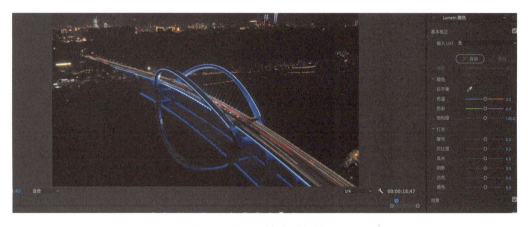

图 5.2　用 Pr 对视频进行处理

90

三、课后练习

（一）理论巩固

1. 单项选择题

（1）关于无人机镜头运动方式说法错误的是（   ）。

A. 镜头向前运动类似电影运镜中的"拉"

B. 镜头向前运动类似电影运镜中的"推"

C. 镜头在向前运动过程中，加上云台向上，可得到仰拍的画面

D. 镜头在向前运动过程中，加上云台向下，可得到俯拍的画面

（2）无人机创意航拍时，如何获取更具视觉冲击力的画面？（   ）

A. 保持飞行高度不变

B. 匀速直线飞行

C. 采用不同的拍摄角度和高度

D. 只拍摄正面画面

（3）以下哪种操作可以使无人机航拍画面发生视觉层次的变化，增加视频的趣味性？（   ）

A. 无人机匀速向前飞行

B. 无人机直线向上飞行

C. 无人机匀速旋转飞行

D. 无人机前后飞行的同时调整云台角度

（4）在无人机创意航拍中，关于希区柯克变焦说法错误的是（   ）。

A. 希区柯克变焦也称为滑动变焦

B. 它是一种同时改变拍摄距离和焦距的拍摄技巧

C. 其特点是保持画面背景大小不变，而被摄主体大小改变

D. 希区柯克变焦拍摄可使画面具有强烈的空间压缩感

（5）以下不属于希区柯克创意航拍技术要点的是（   ）。

A. 选择合适的拍摄对象和拍摄区域

B. 选择合适的飞行模式

C. 通过同时按住 Fn 键和拨动云台拨轮来实现变焦

D. 通过控制无人机的飞行高度和云台角度进行拍摄

（6）关于"旱地拔葱"创意航拍说法错误的是（   ）。

A. "旱地拔葱"是一种创意航拍的形象比喻

B. 这种创意航拍手法适合拍摄河流、森林等场景

C. 镜头变焦倍数越高，越能拍出视觉强烈的"拔葱"效果

D. 需要具有高倍变焦镜头的无人机才能实现

（7）以下哪个场景适合使用"旱地拔葱"创意航拍？（　　　）

A. 一条船漂在宽广的河面上

B. 一个小山坡背后是一座高耸的山峰

C. 城市里川流不息的车流

D. 一大片盛开鲜花的草原

（8）以下不属于"旱地拔葱"创意航拍技术要点的是（　　　）。

A. 要有高度明显的地方作为"旱地"

B. 要有高度更加明显、超过"旱地"的"葱"

C. "旱地"与"葱"的空间距离越挤压，拔葱效果越强烈

D. 无人机镜头从聚焦"旱地"逐渐转向聚焦"葱"

（9）关于日转夜创意航拍说法错误的是（　　　）。

A. 日转夜创意航拍需要耗费较长时间

B. 选择合适的拍摄时间很重要

C. 拍摄结束后无人机自动合成日转夜

D. 日转夜创意航拍是航拍技术和视频剪辑技术的综合体现

（10）以下不属于日转夜创意航拍技术要点的是（　　　）。

A. 使用"定向延时"模式进行拍摄

B. 使用"轨迹延时"模式进行拍摄

C. 需要拍摄多个不同时段的延时视频

D. 拍摄的多个延时视频要保持轨迹一致

2. 多项选择题

（1）无人机在进行创意航拍时，应该（　　　）。

A. 提前构想无人机运镜

B. 提前观察拍摄环境，确定被摄主体

C. 提前拟好基本构图，确保拍摄画面效果

D. 提前规划好飞行航线，避免浪费电量

（2）无人机航拍时，为提升画面质量，需要注意（　　　）。

A. 选择合适的拍摄时间

B. 合理调整镜头参数

C. 保持飞行稳定

D. 进行适当的后期处理

（3）在无人机航拍作品中，创意的体现可以通过（　　）实现。

A. 独特的拍摄角度

B. 新颖的运镜方式

C. 高质量的后期制作

D. 好看的无人机外观设计

（4）在无人机创意航拍中，关于希区柯克变焦拍摄说法正确的是（　　）。

A. 拍摄出来的画面具有强烈的空间压缩感

B. 需要选择具有变焦功能的无人机才能实现

C. 在操作过程中，要始终保持被摄主体在画面中的大小不变

D. 在操作过程中，右手向下打杆，左手按住 Fn 键的同时拨动云台拨轮放大变焦，就可以得到背景放大、被摄主体大小不变的滑动变焦效果

（5）进行日转夜延时航拍，涉及（　　）等技术要点。

A. 提前规划航线

B. 在"轨迹延时任务库"中设置好航拍任务

C. 分别在白天和夜晚完成两次以上的延时航拍任务

D. 通过后期处理软件将白天的延时视频和夜晚的延时视频进行交叉融合处理

3. 问答题

（1）在进行希区柯克变焦航拍时，有哪些技术要点？

（2）在日转夜延时视频中，如何实现白天与夜晚的切换与衔接？

（二）任务实操

1. 任务布置

仔细阅读以下 2 项任务，与小组成员一起制订计划。熟记相关理论知识后进行实际操作，并填写相关表格。

（1）分析书中所介绍的三种无人机创意航拍的技术要点以及航拍过程需要注意的事项，并列出你所了解的其他无人机创意航拍手法或自己的航拍创意。

（2）根据所学的无人机创意航拍知识，以本地一座地标建筑为拍摄对象，完成一

个创意航拍视频作品。

任务提示

无人机航拍有许多创意运镜，这些创意运镜方式都是基础运镜方式的综合运用，因此飞手需要充分掌握基础飞行技巧，熟悉基础运镜方式，才能创作出有创意的航拍作品。

2. 结果评价

完成任务后，根据实际情况进行小组自评，并邀请教师进行评价。

3. 总结反思

结合教师的评价，对自己小组任务完成情况进行总结反思，并有针对性地进行理论知识复习和实践练习。

任务六 / 无人机航拍视频剪辑基础

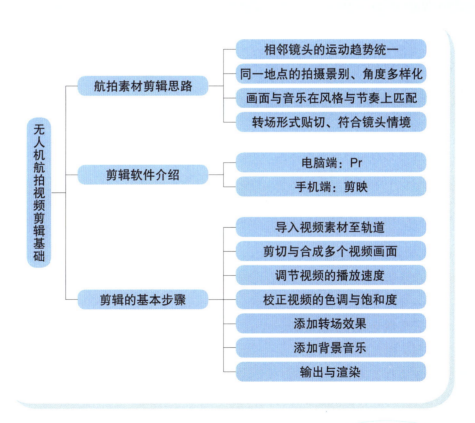

无人机航拍视频剪辑基础
- 航拍素材剪辑思路
  - 相邻镜头的运动趋势统一
  - 同一地点的拍摄景别、角度多样化
  - 画面与音乐在风格与节奏上匹配
  - 转场形式贴切、符合镜头情境
- 剪辑软件介绍
  - 电脑端：Pr
  - 手机端：剪映
- 剪辑的基本步骤
  - 导入视频素材至轨道
  - 剪切与合成多个视频画面
  - 调节视频的播放速度
  - 校正视频的色调与饱和度
  - 添加转场效果
  - 添加背景音乐
  - 输出与渲染

一、导学案例：航拍视频《山水相逢 相约广西》

扫码观看导学案例，并分析讨论。

【分析讨论】

（1）视频案例中出现了哪几种景别？

（2）视频案例中，镜头间切换的形式一共有几种？

（3）视频案例中的配乐节奏与镜头画面切换节奏有什么联系？

《山水相逢 相约广西》

（一）分析镜头数量、画面内容

《山水相逢 相约广西》时长为1分16秒，镜头数量一共19个，其中远景镜头13个，全景镜头4个，中近景镜头2个。

画面内容有南宁的东盟商务区、更望湖、三江口、高峰林场、竹溪立交、南宁国际会展中心、南湖公园，北海银滩，防城港怪石滩，贺州桂江等。

（二）分析各镜头的组接基本思路

《山水相逢 相约广西》视频文案：

你所向往的

是什么样的远方

是晨雾中恬静而隽永的山水

是夕阳下银光粼粼的碧波

还是万家灯火里璀璨的大地

我们心怀山海，不惧急景流年

看山观海，徜徉于青山绿水间

沐风赏花，漫步于红墙黛瓦处

直到看清这壮美毓秀的八桂大地

这里，有阅不尽的山水画卷，也有道不完的人文风情

——《航拍广西》，山水相逢，我们相约广西

剪辑基本思路是以文案内容为主，选择与台词最为贴切的画面展示，做到声画对位，文案与画面紧密关联。比如："夕阳下银光粼粼的碧波"对应三江口，"万家灯火里璀璨的大地"对应南宁市青秀区夜景，"我们心怀山海"对应防城港怪石滩等。

（1）声画对位：文案与画面是紧密关联的，不应出现文案与画面无关的情形，也不应出现文案提早或滞后于画面的情况。画面与文案的时长也要协调，适时地在关键处留下"气口"。

（2）形式多样：在宣传片制作中，声音的呈现形式多种多样，既可以是对白，也可以是画外音，还可以是独白，抑或是用音乐搭配画面字幕的方式。

二、知识解读

（一）航拍素材剪辑思路

1. 相邻镜头的运动趋势统一

在剪辑中，为达到自然流畅的视觉效果，相邻的镜头间通常选用相同运动方向的镜头衔接。比如：两个平移的镜头，一般都是同一运动方向的，可以都是向右侧飞，也可以都是向左侧飞。但如果第一个镜头向右侧飞，而紧接着的镜头却是向左侧飞，这样会打破视觉上的连贯性，导致短片给人一种不流畅感。

2. 同一地点的拍摄景别、角度多样化

在对同一个景点或物体航拍时，通常需要拍摄很多段素材，给后期剪辑提供更丰富的选择。在剪辑同一景点的航拍镜头时，可以先运用远景，再接中近景，还可以使

用俯视、仰视等不同角度的镜头，这样能避免短片给人一种重复感。案例视频就是将南宁市南湖公园不同角度的航拍镜头剪辑在视频中，避免重复，如图6.1、图6.2所示。

图 6.1　南宁市南湖公园远景

图 6.2　南宁市南湖公园中近景

3. 画面与音乐在风格与节奏上匹配

这是剪辑工作中非常重要的原则。例如，所剪辑的片子选用的背景音乐呈现出开场平缓、中段激烈、结尾平缓的结构，那么在剪辑中选用镜头画面的大体思路为，在平缓的音乐段落选用壮阔的大景，而在节奏快速、氛围激烈的段落，选用比较具有力量感的画面，从而达到画面和音乐协调的效果。

4. 转场形式贴切、符合镜头情境

镜头间的转场形式有很多种，选用的转场形式要与镜头所要表达的含义有内在的统一，比如：体现回忆场景的镜头转场，可以选用"溶解"转场形式；体现突发、激烈等镜头内容，可以选用"快切"转场形式。一般而言，大多数视频在剪辑的时候用一些简单的转场就足够了，比如"溶解"转场、"天空"转场、"亮度键"转场等，不需要追求夸张、高难度的转场。转场只要贴切并符合镜头情境，就能为视频整体效果锦上添花，使观众得到良好的观赏体验。

思考：剪辑选用视频素材时，选用同一地点不同景别、不同角度拍摄的镜头，有什么好处？

（二）剪辑软件介绍

1. Pr（推荐电脑端使用）

Pr 是一款专业且被广泛使用的剪辑软件，适用于电影、电视和 Web 的专业作品，是视频剪辑爱好者和专业人士必不可少的工具。Pr 提供了采集、调色、美化音频、字幕添加、输出等全套功能，并和其他 Adobe 软件高效集成兼容。

2. 剪映（推荐手机端使用）

剪映是一款手机剪辑应用，具有全面的剪辑功能：支持色度抠图、曲线变速、视频防抖、图文成片等高阶功能，且简单易上手；提供精致好看的贴纸和字体，可以给视频增添乐趣；具备丰富的曲库资源，让视频更"声"动；提供专业风格滤镜，一键轻松优化视频素材。

思考：电脑端剪辑软件与手机端剪辑应用，各有什么优点和缺点？

（三）剪辑的基本步骤

以 Pr 为例，视频剪辑基本步骤如下：

1. 导入视频素材至轨道

在编辑视频素材之前，需要将视频素材导入至轨道。

无人机摄影摄像技术

（1）启动 Pr 新建一个项目文件，在菜单栏中依次单击"文件""新建""序列"，如图 6.3 所示。

图 6.3　导入视频素材界面

（2）弹出"新建序列"对话框，各选项保持默认设置，单击"确定"按钮，如图 6.4 所示。

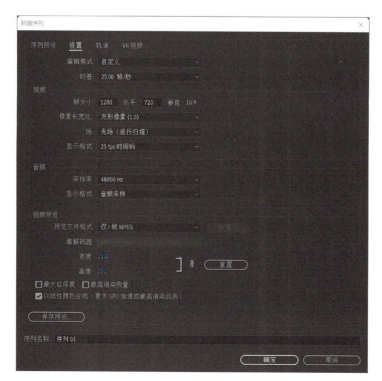

图 6.4　"新建序列"对话框

（3）执行操作后，即可新建一个空白的序列文件，显示在"项目"面板中，如图6.5所示。

图6.5　"项目"面板

（4）在"项目"面板中单击鼠标右键，在弹出的快捷菜单中选择"导入"命令，如图6.6所示。

图6.6　在快捷菜单中选择"导入"命令

（5）在弹出的"导入"对话框中选择需要导入的视频文件，单击"打开"按钮，如图 6.7 所示。

图 6.7　点选需要导入的视频文件

（6）视频文件被导入"项目"面板中，视频缩略图显示如图 6.8 所示。

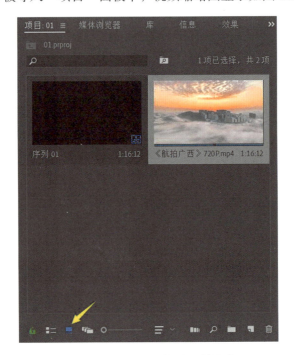

图 6.8　导入"项目"的视频文件缩略图

（7）在"项目"面板中，选择刚才导入的视频文件，将其拖曳至视频轨 V1 中，即完成将该视频素材导入至轨道，如图 6.9 所示。

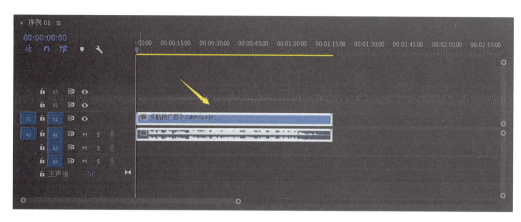

图 6.9　将视频素材拖入编辑区的视频轨中

（8）在"源"面板中，可以预览视频素材的画面效果，如图 6.10 所示。

图 6.10　预览视频素材

2. 剪切与合成多个视频画面

在 Pr 中，"剃刀"工具可以对视频素材进行剪切，将其分成两段或多段独立的素材片段，再根据实际将不需要的片段删除，以及将留下的片段进行合成。下面介绍剪切与合成多段素材片段的操作方法。

（1）在工具面板中选取"剃刀"工具，将鼠标移至视频素材中需要剪切的位置，单击鼠标左键，即可将视频素材分成两段，如图6.11所示。

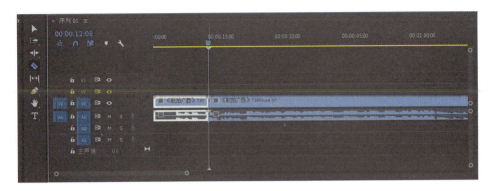

图6.11　根据需要切分视频素材

（2）用同样的方法，对同一视频素材进行多次剪切操作。选中不需要的素材片段，按Delete键删除，只留下用于成片剪辑的素材片段，如图6.12所示。

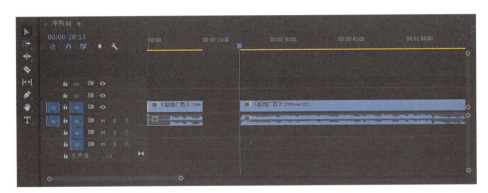

图6.12　通过剪切和删除，只留下用于成片剪辑的素材片段

（3）将右侧的素材片段向左拖动，贴紧前一段视频，使视频画面播放连贯，如图6.13所示。

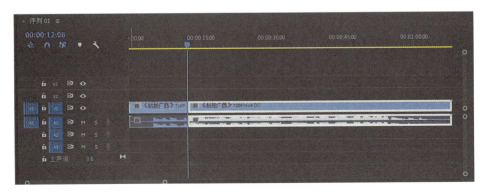

图6.13　通过拖动将多段素材片段连在一起

（4）单击"播放"按钮，预览合成后的视频画面效果，如图 6.14 所示。

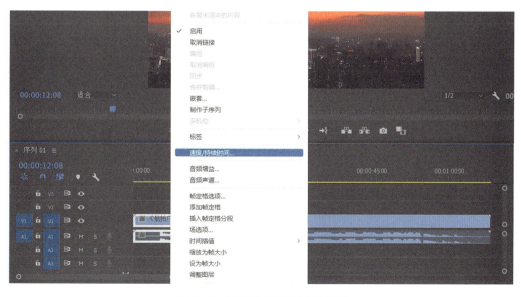

图 6.14　预览合成后的视频

3. 调节视频的播放速度

（1）右键单击轨道上的视频素材，单击"速度 / 持续时间"，如图 6.15 所示。

图 6.15　调整视频播放速度的路径

（2）如果需要加快播放速度，可修改速度的参数，如改为200%，则该素材的播放速度变为原速的两倍，如图6.16所示。

图6.16　根据需要调整播放速度的参数

（3）如果需要倒放，勾选"倒放速度"即可，播放速度同样通过修改速度的参数来实现，如图6.17所示。

图6.17　勾选"倒放速度"

4. 校正视频的色调与饱和度

（1）右键单击轨道上的视频素材，单击"颜色"，点开"基本校正"，可以根据需要调节该素材的色温、曝光、对比度等参数，如图 6.18 所示。

（2）如果需要调节饱和度，拖动饱和度的滑块进行调节，如图 6.19 所示。

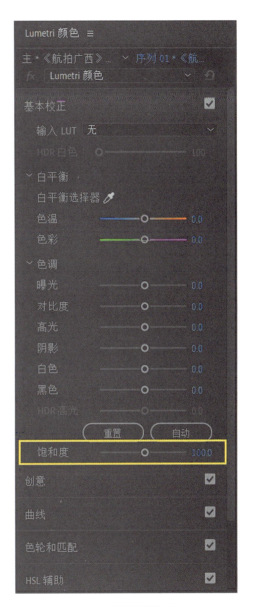

图 6.18　调整视频画面的色调　　　　图 6.19　调节视频饱和度

5. 添加转场效果

（1）选择右侧的"效果"面板，点开"视频过渡"，其中有 8 类转场特效，点击进入"溶解"，选择"交叉溶解"，如图 6.20 所示。

图 6.20　选择转场效果

（2）将"交叉溶解"拖到视频轨上，可以将转场效果放到视频开头、视频末尾或两段素材片段中间，如图 6.21 所示。

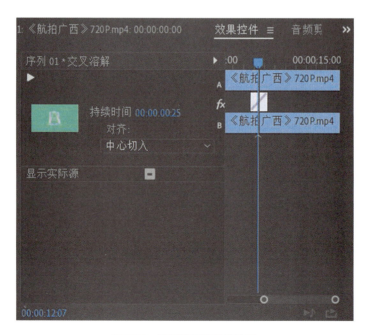

图 6.21　设置转场效果的位置

（3）双击此转场效果，在"设置过渡持续时间"弹窗中拖动蓝色字体即可增加或减少转场效果的持续时间，如图 6.22 所示。

图 6.22　设置转场效果的持续时间

6. 添加背景音乐

（1）将视频素材拖动到时间轴，单击右键，在弹出的快捷菜单中选择"取消链接"，此时即取消视频素材中画面与原始声的关联。如图 6.23 所示。

图 6.23　取消视频素材中画面与原始声的关联

（2）在音频上点击右键，在弹出的快捷菜单中选择"清除"，删掉原视频的声音。如图 6.24 所示。

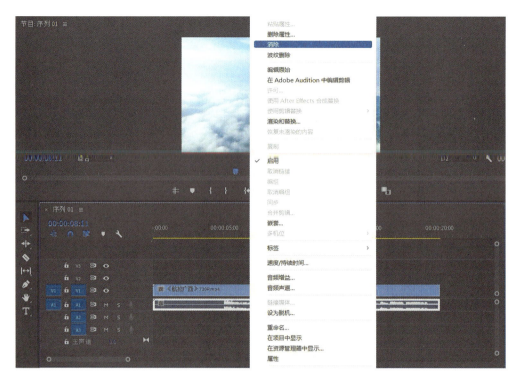

图 6.24　删除视频素材中的原始声

（3）导入背景音乐文件（格式通常为 MP3），拖动到时间轴，并选择"剃刀"工具对其进行剪切，删除不需要的部分，如图 6.25 所示。

图 6.25　剪切背景音乐

（4）试听效果，根据需要调整音频的位置，完成配乐。

7. 输出与渲染

用 Pr 完成一段视频内容的剪辑后，可以根据需要将其输出成不同格式的文件。在导出视频文件时，需要对视频的导出路径、格式、预设、输出名称以及其他选项进行设置。下面介绍输出与渲染视频画面的操作方法。

（1）在菜单栏中依次单击"文件""导出""媒体"，如图 6.26 所示。

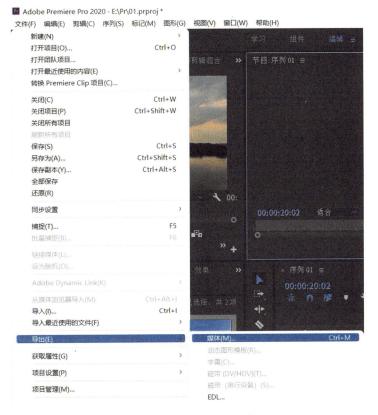

图 6.26　选择"媒体"命令

（2）在弹出"导出设置"的对话框中，将"格式"设为 H.264（这是一种 MP4 格式），分别选中"导出视频""导出音频"复选框，单击"导出"按钮，如图 6.27 所示。导出路径与工程文件保存路径一致。

图 6.27　设置导出成品的格式

（3）弹出信息提示框，显示视频导出进度，如图 6.28 所示。耐心等待。

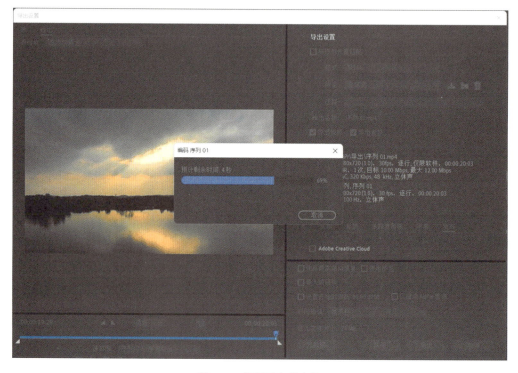

图 6.28　视频导出进度条

（4）待导出完成后，导出的视频文件出现在设定的文件夹中，默认文件名为"序列 01.mp4"，可及时对视频进行重命名操作，如图 6.29 所示。

图 6.29 对导出的视频重命名

思考： 在剪辑视频时，是否可以打乱剪辑流程，为什么？

三、课后练习

（一）理论巩固

1. 单项选择题

（1）在《山水相逢 相约广西》视频案例中，一共有（ ）个镜头衔接。

A. 17

B. 18

C. 19

D. 20

（2）剪辑基本思路是以（ ）内容为主，选择与（ ）最贴切的画面展示，做到声画对位，文案与（ ）的关系是紧密关联的。（ ）

A. 文案 台词 画面

B. 台词 文案 画面

C. 画面 文案 台词

D. 文案 画面 台词

（3）画面与文案的时长要搭配恰当，要留有"（ ）"。

A. 气尾

B. 气口

C. 宽口

D. 停顿

（4）在宣传片制作中，声音的呈现形式多种多样，既可以是（　　　），也可以是画外音，还可以是独白，抑或是用（　　　）搭配画面（　　　）的方式。（　　　）

A. 对白　音乐　字幕

B. 音乐　对白　字幕

C. 字幕　对白　音乐

D. 对白　字幕　音乐

（5）在剪辑中，为达到自然、流畅的视觉效果，相邻的镜头间通常选用（　　　）运动方向的镜头衔接。

A. 相同

B. 相反

C. 加速

D. 平行

（6）同一地点的拍摄，应该注意景别、角度的（　　　），避免视频给人一种重复感。

A. 重复率

B. 简化

C. 多样化

D. 单一性

（7）镜头画面与配乐的风格、（　　　）匹配，是剪辑工作中非常重要的原则。

A. 时长

B. 节奏

C. 卡点

D. 音阶

（8）在配乐节奏快速、氛围激烈的段落，可以在航拍素材中寻找比较具有（　　　）的画面来匹配剪辑，从而达到画面和音乐更协调的效果。

A. 力量感

B. 动感

C. 快感

D. 速度感

（9）（　　　）要贴切并符合镜头情境，才能提升视频的整体效果。

A. 开场

B. 中场

C. 转场

D. 片尾

（10）Pr 是一款专业且被广泛使用的（　　　）软件。

A. 视频编辑

B. 音频编辑

C. 视频特效制作

D. 音频特效制作

2. 多项选择题

（1）Pr 广泛应用于哪些领域？（　　　）

A. 广告制作

B. 电视节目制作

C. 短视频制作

D. 影视制作

（2）剪映支持哪些高阶功能？（　　　）。

A. 色度抠图

B. 曲线变速

C. 视频防抖

D. 图文成片

（3）以下剪辑软件中，哪几个主要是应用在手机端（　　　）。

A. 剪映

B. 秒剪

C. 快影

D. Pr

（4）在 Pr 中，导出的视频文件格式有（　　　）。

A. MP4

B. MXF

C. AVI

D. MOV

（5）在 Pr 的"基本校正"面板上，可以根据具体情况调节该素材的（　　　）等参数。

A. 白平衡

B. 曝光

C. 对比度

D. 色彩平衡

3. 问答题

（1）视频案例中出现了几种转场，它们的画面特点是什么？

（2）视频剪辑包含哪些步骤？

（3）相比于传统地面拍摄镜头剪辑，航拍镜头剪辑需要注意哪些问题？

（二）任务实操

1. 任务布置

仔细阅读以下任务，与小组成员一起制订计划。熟记相关理论知识后进行实际操作。

给某座城市制作一部宣传片，时长为1—2分钟，要求完成系列航拍素材，展示该城市之美，全片有文案，配乐合理，画面流畅。

任务提示

可参考案例短片《山水相逢　相约广西》的制作思路，选择比较有代表性的地标建筑拍摄素材，画面要唯美、大气，合理运用剪辑手法，在不涉及禁飞区的前提下，拍摄地不限。

2. 结果评价

完成任务后，根据实际情况进行小组自评，并邀请教师进行评价。

3. 总结反思

结合教师的评价，对自己小组任务完成情况进行总结反思，并有针对性地进行理论知识复习和实践练习。